区域极端降水事件
时空统计特征及机理

顾西辉　张　强　著

科学出版社

北　京

内 容 简 介

全球变暖背景下，极端降水事件发生强度和频率均在加强，引发严峻的社会、经济与生态问题，造成巨大的生命及财产损失。中国深受极端降水事件引发的灾害的影响，其各区域极端降水事件时空统计特征及机理是应对全球气候变化与防灾减灾的研究热点和理论依据。本书是在多年系统研究中国区域降水过程、成因及影响的基础上进行总结与提炼而形成的系统性学术成果，全面分析气候变化背景下中国区域极端降水事件的气候学特征与现代变化趋势，初步评估极端降水变化可能对农业生产和粮食安全造成的影响及风险。针对变化环境下极端降水事件量级、频率和季节性变化特征，构建非一致性识别和频率分析模型框架，深入探究热带气旋和城市化对极端降水事件的影响。

本书可供从事水文学与水资源学、气象水文极值分析、灾害学、城市防洪减灾及洪涝灾害管理与调控的科研和管理人员参考。

审图号：GS（2020）2614 号

图书在版编目（CIP）数据

区域极端降水事件时空统计特征及机理/顾西辉，张强著.—北京:科学出版社，2020.11

　ISBN 978-7-03-046869-7

Ⅰ.①区…　Ⅱ.①顾…　②张…　Ⅲ.① 强降水-研究-中国　Ⅳ.① P426.6

中国版本图书馆 CIP 数据核字（2020）第 189250 号

责任编辑：何　念/责任校对：高　嵘
责任印制：彭　超/封面设计：无极书装

科学出版社 出版

北京东黄城根北街 16 号
邮政编码：100717
http://www.sciencep.com

武汉精一佳印刷有限公司印刷
科学出版社发行　各地新华书店经销
*

开本：787×1092　1/16
2020 年 11 月第 一 版　　印张：12 1/4
2020 年 11 月第一次印刷　　字数：286 000
定价：158.00 元
（如有印装质量问题，我社负责调换）

近百年来全球地表气温的增幅为近千年来最大,温度每增加 1℃,空气中饱和水汽含量增加 6%～7%,因此极端降水事件的强度和频率有可能随着气温的升高而增强。中国幅员辽阔,气候背景复杂,经济发展快速,城市化扩张快速,由极端降水事件引起的气象灾害对国民经济造成了严重损害,尤其是引发了越来越严峻的城市洪涝问题。气候变化背景下,中国极端降水事件发生的强度更为极端,次数更为频繁。2007 年 7 月淮河流域发生了仅次于历史记录最高值的极端降水事件,直接导致了流域性大洪水的发生。2012 年 7 月 21～22 日北京发生了近几十年来最强的暴雨及城市洪涝灾害,局部降水量接近 500 年一遇,造成受灾面积 16 000 km²,成灾面积 14 000 km²,受灾人口 190 万人,因灾死亡 79 人,经济损失 116.4 亿元。

作者及其研究团队多年来一直致力于气象水文极值理论与实践研究,近年来在国家重点研发计划项目"不同温升情景下区域气象灾害综合风险评估"(2019YFA0606900)和"小冰期以来东亚季风区极端气候变化及机制研究"(2018YFA0605603)、北京师范大学环境演变与自然灾害教育部重点实验室开放基金项目"中国东部季风区极端降水对人类活动的响应及社会经济影响"(12800-312230012)和"洪水频率非一致性对城市化的响应及定量归因"(12800-312230012)、国家自然科学基金青年科学基金项目"洪水频率非一致性对城市化的响应及定量归因——以珠江三角洲石马河流域为例"(41901041)、国家自然科学基金面上项目"精细时空尺度珠江三角洲城市化对洪水响应机制及未来洪水风险预估"(41771536)、国家杰出青年科学基金项目"变化环境下珠江流域地表水文过程演变及其对河流生态影响研究"(51425903)和国家自然科学基金联合基金重点支持项目"基于地学大数据的城市水资源环境系统时空透视与智能管控"(U1911205)的资助下,围绕中国区域极端降水事件时空统计特征及机理开展全面、系统的研究。本书详细地呈现中国极端降水事件的气候学特征及其现代变化趋势,构建非一致性极端降水识别和频率分析模型框架,阐述城市化和热带气旋对中国极端降水事件的影响过程,并提出定量归因的模型框架。

全书共分为 8 章,分别介绍极端降水事件时空特征及其对夏季温度的响应、多尺度不同量级极端降水发生率非一致性特征、极端降水季节性特征及非一致性分析、年和季节极端降水极值分布函数上尾部性质、极端降水受城市化和气候变化影响的相对贡献分析、极端降水非一致性受城市化的影响、极端降水量级和频率受热带气旋的影响,以及极端降水时空变化对农业洪旱灾害的影响。希望本书的出版有助于进一步推动中国洪涝灾害风险评估、城市洪涝预防和管理、热带气旋灾害防治、气候变化应对等方面的理论研究和技术研发。此外,书中引用了国内外多位专家学者的成果,已在每章的参考文献中列出,作者向这些专家学者表示感谢。

本书的出版离不开众多人士的大力帮助,在此作者要郑重感谢中国地质大学(武汉)的刘剑宇副教授、香港浸会大学的李剑锋副教授、美国得克萨斯农工大学的 V. P. Singh 教授、河海大学的肖名忠博士等,他们在本书的撰写过程中提出了许多宝贵、中肯的意见;感谢中国地质大学(武汉)的硕士研究生王靓怡,她对本书内容进行了编辑和修改。没有他们的帮助,本书的撰写、完善及出版会变得较为困难。

极端降水事件时空特征及机理涉及水文水资源学、统计学、地理学、灾害学、大气科学等多个学科,覆盖面广,研究内容较为深入,涉及研究方法颇多。尽管受惠于给作者提供帮助和建议的众多人士,但是由于作者的学识水平有限,一定还存在没有掌握的知识,书中难免存在不足之处,恳请读者不吝赐教。

作 者

2020 年 4 月 25 日于武汉

第 1 章

极端降水事件时空特征及其对夏季温度的响应

气候模式模拟结果表明，在全球变暖影响下，全球水文循环呈加剧趋势[1]，21 世纪中国极端降水事件也将发生显著变异[2-3]。极端降水及其引发的洪旱灾害事件对人类社会和经济发展带来了巨大影响，气象水文极值事件已成为当前国际学术研究前沿与热点。近几十年来，中国极端降水事件呈增加趋势[4]，并给农业生产带来了巨大损失[5]。因此，中国各区域极端降水特征及成因已成为当前研究热点[6-8]。张强等[6]通过对新疆地区极端降水概率的研究指出，北疆发生极端强降水的概率较大，南疆发生极端弱降水的概率较大；佘敦先等[7]发现淮河流域年最大日降水事件发生时间多集中于 20 世纪 60～70 年代；任正果等[8]指出中国南方各极端降水指数的多年平均值表现出明显的空间分布规律，越靠近西北方向越干旱，越靠近东南方向越湿润。

基于年极端降水指标等对中国极端降水事件的研究已开展较多[6-8]，然而基于超阈值（peaks-over-threshold，POT）抽样分析中国极端降水量级、频率和发生时间的非一致性特征，并进一步揭示中国极端降水潜在影响因子的研究却鲜有报道。值得注意的是，基于 POT 抽样的极端降水事件相比年极端降水指标能够提供更多、更丰富的极端降水事件信息[9]。而一致性假设是一切城市防洪排涝工程、水利工程设施等设计标准的基础。Villarini 等[10]定义一致性为时间序列无趋势性、变异性和周期性，常用趋势和变异点分析检验一致性假设是否合理[10-12]。关于中国极端降水事件非一致性特征潜在的影响因子，已有研究表明温度增加导致中国东南地区降水加强，且冬季趋于湿润[13]。因此，本章关注的主要问题为：①基于 POT 抽样的中国极端降水量级、频率和发生时间的非一致性特征（变异和趋势）时空规律；②中国极端降水量级、频率和发生时间对温度转折的响应规律。

1.1　研究数据

中国地域广阔，地形复杂，气候空间差异较大（图 1.1）。张家诚和林之光[14]主要根据热量和水分两级指标，参考光照时间，将中国划分为八个一级气候分区：西部干旱区、青藏高原区、东部干旱区、西南区、东北区、华北区、华中区和华南区（图 1.1）。一级气候分区的划分，除考虑大高原及山地外，从北到南以气候带为根据，从东到西以干燥度为标准[14]。本节将分析每个一级气候分区极端降水事件的非平稳性及对夏季温度的响应特征。

从中国气象局收集到了 839 个站点 1951～2014 年期间的日降水和温度（日最低温度、日平均温度及日最高温度）数据。为了严控数据质量，删除累积缺测时间超过 365d 的站点，剩余 728 个站点，并将其用于本章分析（图 1.1）。缺测数据采用 Zhang 等[15]提出的方法进行插值。气象站点数据记录时长最短的有 55 年，最长的有 64 年，各一级气候分区中青藏高原区气象站点最少，有 56 个站点，华中区气象站点最多，有 128 个站点（图 1.2）。气象站点在中国区域分布较完整，能够为分析区域极端降水事件提供较好的条件。长时间降水序列能够为研究中国极端降水事件提供更详细的信息，且估计误差更小。

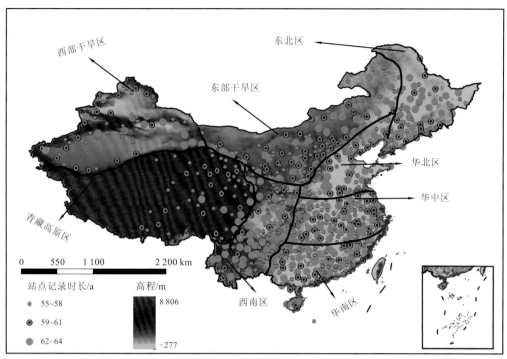

图 1.1　中国气象站点记录时长、地理位置及一级气候分区

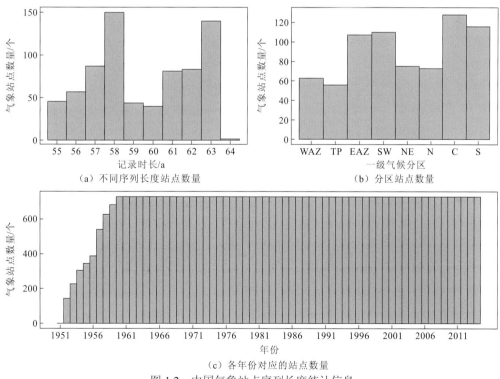

（a）不同序列长度站点数量　　　　　　　（b）分区站点数量

（c）各年份对应的站点数量

图 1.2　中国气象站点序列长度统计信息

（b）中 WAZ 表示西部干旱区，TP 表示青藏高原区，EAZ 表示东部干旱区，SW 表示西南区，NE 表示东北区，
N 表示华北区，C 表示华中区，S 表示华南区

1.2 研 究 方 法

进行 POT 抽样（设置一个阈值，然后抽取每一次极端降水发生的量级及时间、每一年极端降水事件次数为样本），阈值设置一般采用两种方式：一种以绝对值为阈值（如 50 mm/d）；另一种以降水经验概率分布为基础（如 95%分位数）。本书将非零降水序列 95%分位数作为阈值（图 1.3）。95%分位数的阈值在中国由东南部的 75 mm/d 逐渐减小到西北地区的 5 mm/d，变化显著。

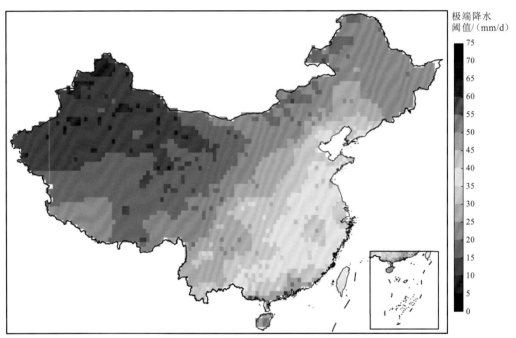

图 1.3　中国基于 POT 抽样的极端降水阈值空间分布

1.2.1 变异分析

变异分析方法已有多种，不同的方法基于不同的假设[如单变异点和多变异点，检验前是否预设变异点位置，是否符合高斯分布（Gaussian distribution）等]。Killick 和 Eckley[16]于 2014 年提出一个综合集成的 "changepoint" 检验方法，该方法基于似然函数框架，具有较大的灵活性，可以克服序列高斯分布假设的限制，不需要预先设置变异点位置，可进行单变异点和多变异点检测。同时，其包含了以往多种算法，如二进制分割算法和分段邻域算法，因而具有强大的功能。相较于以往变异点检测方法仅能检测时间序列均值变异，"changepoint" 检验方法可同时用来检测均值和方差变异。时间序列 $y_{1:n}$ 为 y_1，y_2，$\cdots$，y_n。对于单变异点检验，构建两个假设：空假设 H_0 为不存在变异点，非空假设 H_1 为存在变异点。在非空假设 H_1 中，假设变异点位于 τ_1（$\tau_1 \in \{1, 2, \cdots\}$），

相应于 τ_1 的最大对数似然估计为[16]

$$\mathrm{ML}(\tau_1) = \lg p(y_{1:\tau_1}|\hat{\theta}_1) + \lg p(y|\hat{\theta}_2) \tag{1.1}$$

式中：$\mathrm{ML}(\cdot)$ 为最大对数似然估计函数；$p(\cdot)$ 为时间序列的概率密度函数；$\hat{\theta}_1$ 和 $\hat{\theta}_2$ 为最大对数似然估计的参数。基于式（1.1）可以计算每个可能变异位置上的最大对数似然估计，然后根据检验统计值 λ 确定最终变异点的位置[16]：

$$\lambda = 2\left[\max_{\tau_1} \mathrm{ML}(\tau_1) - \lg p(y_{1:n}|\hat{\theta})\right] \tag{1.2}$$

根据式（1.2），当检验统计值达到显著性水平 0.1 时，认为时间序列发生了变异。

"changepoint" 检验方法常用来检测连续型时间序列的变异点位置，另外本书采用的降水序列在 60 年左右，因此选择 "changepoint" 检验方法检测中国极端降水量级和发生时间单变异点。对于中国极端降水频率（年发生次数序列）等具有离散特征的时间序列，则采用分段回归法检测变异点[17-18]：

$$y_t = \begin{cases} \beta_0 + \beta_1 t + \varepsilon, & t \leqslant \alpha \\ \beta_0 + \beta_1 t + \beta_2(t-\alpha) + \varepsilon, & t > \alpha \end{cases} \tag{1.3}$$

式中：t 为时间变量，a；y_t 为响应变量（如极端降水频率序列）；ε 为随机扰动项；α 为响应变量转折点的位置，a，当检验统计值 λ 的显著性水平达到 0.1 时，转折点达到了变异程度，可以称为变异点；β_0 为分段回归截距；β_1、β_2 为不同分段回归的斜率。

1.2.2　趋势分析

由于曼-肯德尔（Mann-Kendall，MK）算法为非参数检验方法，对异常值不敏感，被世界气象组织（World Meteorological Organization）推荐用来检测连续型时间序列（中国极端降水量级和发生时间）的趋势[19]：

$$\begin{cases} S = \sum_{i=1}^{n-1} \sum_{j=i+1}^{N} \mathrm{sgn}(X_j - X_i) \\ \mathrm{sgn}(X_j - X_i) = \begin{cases} 1, & X_j - X_i > 0 \\ 0, & X_j - X_i = 0 \\ -1, & X_j - X_i < 0 \end{cases} \end{cases} \tag{1.4}$$

式中：S 为第 i 时刻数值大于第 j 时刻数值个数的累积数；X_i 和 X_j 分别为时间序列第 i、j 个值；n 为时间序列的长度。由式（1.4）进一步推导得到 MK 检验统计值 Z：

$$Z = \begin{cases} (S-1)/\sqrt{n(n-1)(2n+5)/18}, & S > 0 \\ 0, & S = 0 \\ (S-1)/\sqrt{n(n-1)(2n+5)/18}, & S < 0 \end{cases} \tag{1.5}$$

根据式（1.5），Z 大于 0，表示时间序列呈上升趋势；Z 小于 0，表示时间序列呈下降趋势；Z 的绝对值大于 1.96，表示趋势达到 0.05 显著性水平。

对于离散型时间序列（中国极端降水年发生次数），常用泊松回归模型（Poisson regression model）判别其时间趋势[17]：

$$P(N_i = n | \lambda_i) = \frac{e^{-\lambda_i} \lambda_i^n}{n!} \quad (n = 0,1,2,\cdots) \tag{1.6}$$

式中：N_i 为第 i 年极端降水发生次数；λ_i 为极端降水发生率，是潜在的随机变量。本书通过假设 λ_i 与时间呈线性关系（通过对数函数连接）来判断极端降水频率是否存在上升或下降趋势：

$$\lambda_i = \exp(\chi_0 + \chi_1 t_i) \tag{1.7}$$

式中：χ_0 为极端降水发生率的截距；t_i 为极端降水发生时间；χ_1 为极端降水发生率的斜率。当 χ_1 大于 0 时，极端降水频率呈上升趋势；当 χ_1 小于 0 时，极端降水频率呈下降趋势；当 χ_1 不等于 0 且达到 0.05 显著性水平时，趋势达到显著性。

在趋势分析中，以往的研究通常没有考虑变异点对趋势结果的影响。变异点的存在可能表明，时间序列影响机制从一个气候机制转变为另一个，或者时间序列非均质。如果不考虑变异点，时间趋势的分析结果可能导致人们对人类引起的气候变化进行错误的表述[17, 20]。因此，本书以变异点为时间分割点，将序列分割为变异前、后两个子序列，分别检测两个子序列的时间趋势。为了保证子序列的时间长度，在变异点的选择中采取以下原则：①变异点的位置必须保证两个子序列均至少有 10 年的时间长度；②如果均值和方差均检测到变异点，将均值变异点作为最终的变异点。

1.3 极端降水量级非一致性分析

由图 1.4 可以看出，728 个站点中 353 个站点（约占 48%）的极端降水量级存在显著均值变异，291 个站点（约占 40%）的极端降水量级存在显著方差变异，综合确定最终变异点的站点为 404 个（约占 55%）。均值变异点和方差变异点在空间上没有明显的分布规律，在某些局部区域上呈现出一致性特征。就均值变异时间来看，变异点位于 1961～1980 年的站点共有 166 个（约占 353 个站点的 47%），主要分布在东部干旱区西南部、东北区北部、华北区和华中区的沿海区及西南区；变异点位于 1981～2000 年的站点共有 147 个（约占 353 个站点的 42%），主要分布在东部干旱区东北部、东北区中部、华南区西北部和西南区中部。就方差变异点来看，变异点位于 1961～1980 年的站点共有 121 个（约占 291 个站点的 42%），主要分布在东北区北部、华中区沿海区域、东部干旱区东部和青藏高原区；变异点位于 1981～2000 年的站点共有 138 个（约占 291 个站点的 47%），主要分布在西部干旱区、东部干旱区东部、东北区北部、西南区中部和华中区西部。从最终确定的变异点来看，变异点位于 1980 年之前的站点为 151 个，约占 404 个站点的 37%，大部分站点的变异点位于 1980 年之后，共有 253 个，约占 404 个站点的 63%。

从图 1.5 可以看出，对于所有站点整体序列，西部干旱区、华中区及华南区北部和西南部的极端降水量级呈上升趋势，东部干旱区中部、华北区北部、华南区东南部及青

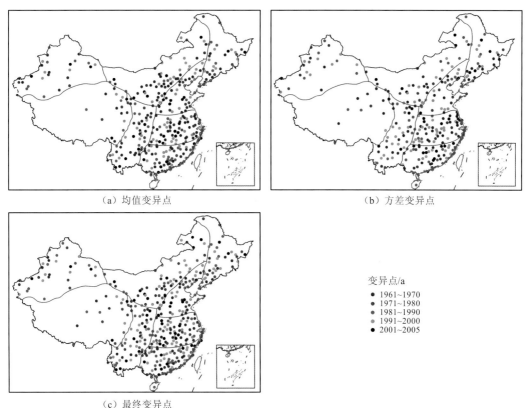

（a）均值变异点　　　　　　　　　　　　　（b）方差变异点

变异点/a
- 1961~1970
- 1971~1980
- 1981~1990
- 1991~2000
- 2001~2005

（c）最终变异点

图 1.4　中国极端降水量级变异点地理分布

图中每个有颜色的圆点均表示变异点的检验统计值 λ 达到 0.1 显著性水平的站点

藏高原区东部的极端降水量级呈下降趋势。然而在整个中国区域内，只有少量站点的极端降水量级趋势的检验统计值 Z 达到 0.1 的显著性水平，呈显著下降趋势的站点主要位于东部干旱区和华北区，而呈显著上升趋势的站点主要位于西部干旱区、东北区、西南区、华中区和华南区。无变异点的站点中，极端降水量级趋势的空间分布与所有站点整体序列的空间分布较为一致，但具有显著趋势的站点数明显减少。在存在变异点的序列中，变异前东部干旱区中部、华北区东部、华中区中南部及华南区中北部的极端降水量级呈上升趋势，西部干旱区北部、东部干旱区南部和华中区北部呈下降趋势；变异后东部干旱区东北部、东北区东南部、华中区西北部和西南区中部的极端降水量级呈上升趋势，西北区、东部干旱区西部、华中区东部、华南区西部及西南区南部呈下降趋势。变异前、后极端降水量级趋势的空间分布具有差异性。例如，东北区南部由下降趋势转为上升趋势，华南区西北部由上升趋势转为下降趋势等。变异后序列和整体序列趋势的空间差异性更加明显，西部干旱区、华中区和华南区多数站点的整体序列呈上升趋势，变异后转为下降趋势，东部干旱区和青藏高原区多数站点的整体序列呈下降趋势，变异后转为上升趋势。上述区域如果不考虑变异点的存在，只分析整体序列的趋势性，可能会误导对极端降水量级变化特征的理解。由于变异点的存在，极端降水量级整体序列可能不符合均质性，影响极端降水量级潜在的气候机制可能已经发生了较为明显的变化。

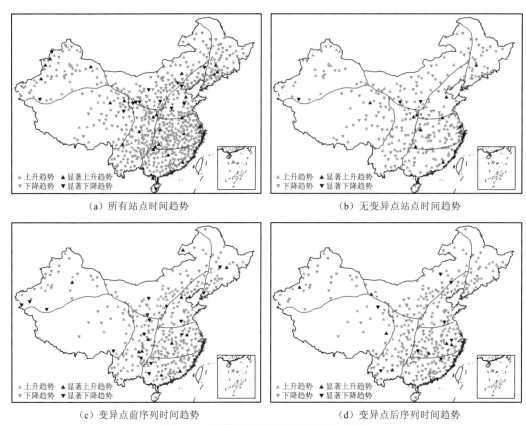

（a）所有站点时间趋势　　　　　　　　　　（b）无变异点站点时间趋势

（c）变异点前序列时间趋势　　　　　　　　（d）变异点后序列时间趋势

图 1.5　中国极端降水量级趋势地理分布

1.4　极端降水频率非一致性分析

采用分段回归检测具有离散性质的极端降水频率序列的变异特征（图 1.6）。从图 1.6 可以看出，相对于极端降水量级变异特征，大多数站点的极端降水频率不具有显著的变异特征，仅有 42 个站点的检验统计值 λ 的显著性水平达到 0.1。具有显著变异点的站点主要位于西部干旱区北部、东部干旱区东部和华北区等。中国大部分区域的极端降水频率变异点位于 1980 年之后，仅西部干旱区北部、西南区南部及华中区西部等的变异点位于 1980 年之前。

采用泊松回归分析极端降水频率的时间趋势（图 1.7）。从图 1.7 可以看出，在所有站点整体序列中，西部干旱区、东部干旱区西部、西南区北部、华中区南部和华南区东部的极端降水频率呈显著上升趋势；东部干旱区东部、东北区南部、华北区北部及西南区南部的极端降水频率呈下降或显著下降趋势。由于极端降水频率在多数站点均不具有显著性变异水平，无变异点站点的极端降水频率与所有站点整体序列时间趋势的空间分布基本吻合。在有变异点的站点中，几乎所有站点在变异前的极端降水频率呈下降或显著下降趋势，在变异后转为显著上升趋势。

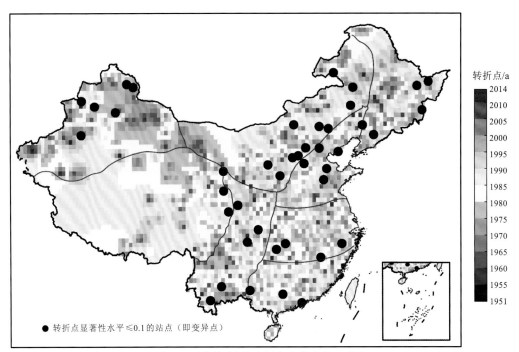

图 1.6　中国极端降水频率变异点地理分布

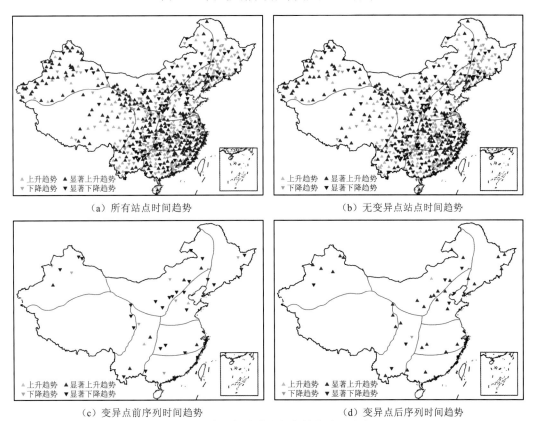

（a）所有站点时间趋势

（b）无变异点站点时间趋势

（c）变异点前序列时间趋势

（d）变异点后序列时间趋势

图 1.7　中国极端降水频率趋势地理分布

中国极端降水量级和频率非平稳性特征具有明显的差异性。中国极端降水量级在多数站点具有显著的变异特征，但不具有显著的趋势性；极端降水频率则与极端降水量级的特征相反。Mallakpour 和 Villarini[21]通过研究美国中部地区 774 个水文站点的洪水量级和频率特征，指出洪水发生量级没有显著增加，但洪水发生次数显著上升。Hirsch 和 Archfield[22]在随后的研究中进一步证实了这一现象，并认为极端降水特征对美国中部地区洪水发生次数的显著增加有重要影响。比较图 1.5 和图 1.7 发现，中国极端降水量级没有显著变化，但中国极端降水频率在大部分区域有着显著加强。中国极端降水特征与 Mallakpour 和 Villarini[21]在美国中部地区的研究成果较为吻合，因此中国洪水特征也可能呈现出量级没有发生明显变化，但洪水次数有着显著加强这一现象。极端降水事件是洪水过程的重要影响因素，但洪水过程还受到地形地貌、土地利用及水利工程等人类活动的影响，因此还需要实测的水文资料进行上述可能结果的验证。

1.5 极端降水发生时间非一致性分析

中国极端降水发生时间主要发生均值变异，共有 263 个站点（约占总站点 728 个的 36%），仅有 3 个站点出现方差变异（图 1.8）。与极端降水量级一样，极端降水发生时间产生均值变异的年份在空间上没有统一明显的分布规律，在某些局部区域上呈现出一致

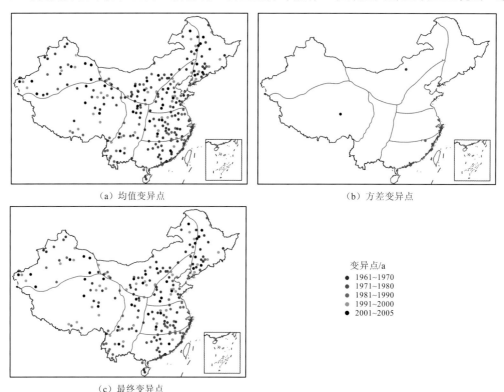

（a）均值变异点　　　　　　　　　　（b）方差变异点

（c）最终变异点

图 1.8　中国极端降水发生时间变异点地理分布

图中每个有颜色的圆点均表示变异点的检验统计值 λ 达到 0.1 显著性水平的站点

性特征。从均值变异点来看，共有 133 个站点（约占总站点 263 个的 51%）的变异点位于 1980 年以前，主要分布在西部干旱区西北部、东部干旱区中东部、华北区东部和华南区中部；共有 130 个站点（约占总站点 263 个的 49%）的变异点位于 1980 年以后，主要分布在西部干旱区南部、华北区中部、西南区南部和华南区东部。因为极端降水发生时间序列几乎不存在方差变异，所以最终变异点的空间分布与均值变异点较为吻合。

在分析极端降水发生时间变异性质后，对极端降水发生时间的趋势也进行了检测（图 1.9）。从图 1.9 可以看出，就所有站点整体序列来看，西部干旱区西部、东部干旱区南部、西南区北部和华中区南部的极端降水发生时间呈上升趋势，其中华中区南部的极端降水发生时间呈显著上升趋势；西部干旱区东部、东部干旱区东北部、东北区南部和西南区南部的极端降水发生时间呈下降趋势，且均不显著。在无变异点的站点中，中国极端降水发生时间趋势与所有站点整体序列趋势的空间分布较为吻合，但呈上升趋势的站点在空间分布上更加明显。变异前极端降水发生时间在东北区和华中区呈上升趋势，变异后进一步扩展到东部干旱区中部、西南区和华南区。相比中国极端降水量级和频率，变异点对中国极端降水发生时间趋势方向的改变较弱。

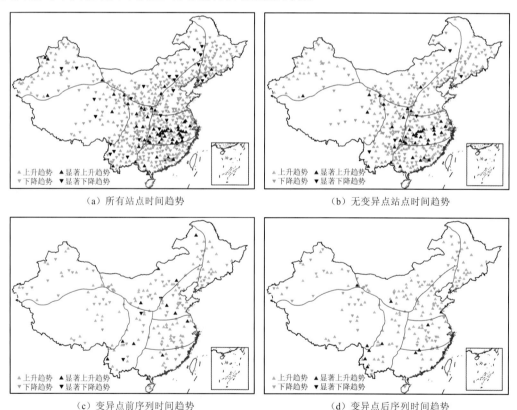

（a）所有站点时间趋势　　　　　　　　　（b）无变异点站点时间趋势

（c）变异点前序列时间趋势　　　　　　　　（d）变异点后序列时间趋势

图 1.9　中国极端降水发生时间趋势地理分布

采用月频率法[23]进一步分析了年内不同月份极端降水发生时间变化的分布规律。由图 1.10 可以看出，其分布特征受到季节变化的显著影响。在 1~3 月和 10~12 月，仅能发现少量极端降水，甚至没有极端降水。华南区和华中区从 4 月开始出现极端降水，从

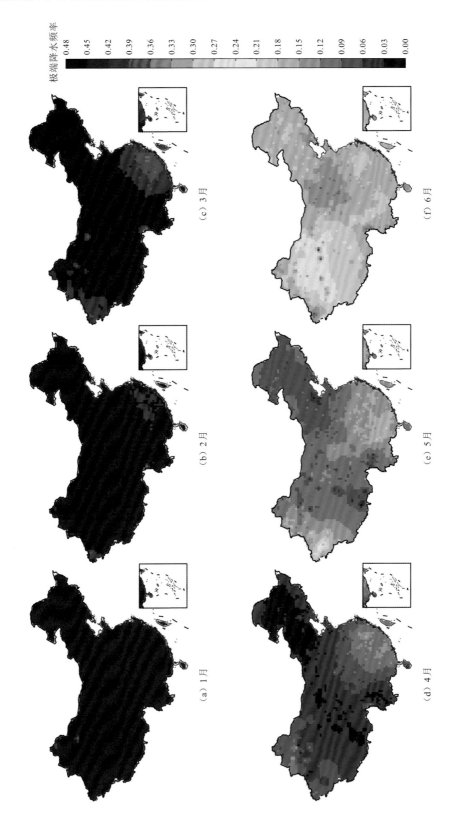

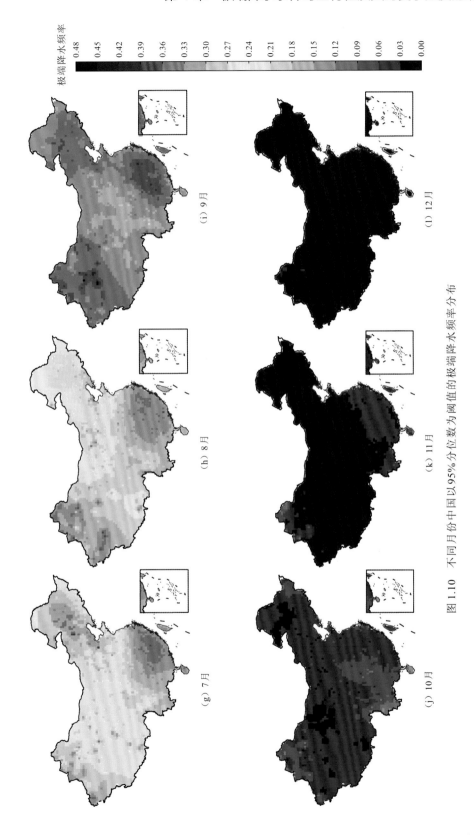

图 1.10　不同月份中国以 95% 分位数为阈值的极端降水频率分布

6月开始极端降水明显增加。在7月，中国东部和南部的极端降水显著增加。然而，极端降水在8～12月逐渐减少。

1.6 极端降水对夏季温度的响应

通过月频率法[23]分析得出中国极端降水发生时间多集中在夏季，因此夏季温度如何变化及其对中国极端降水事件的影响是本书关注的一个重要问题。对1951～2014年中国各站点的夏季日最低温度、日平均温度和日最高温度采用分段回归方法检验其转折点(图1.11)，分析转折点前后的趋势空间分布（图 1.12），并进一步分析夏季温度趋势的差异如何影响中国极端降水事件的发生（图1.13）。

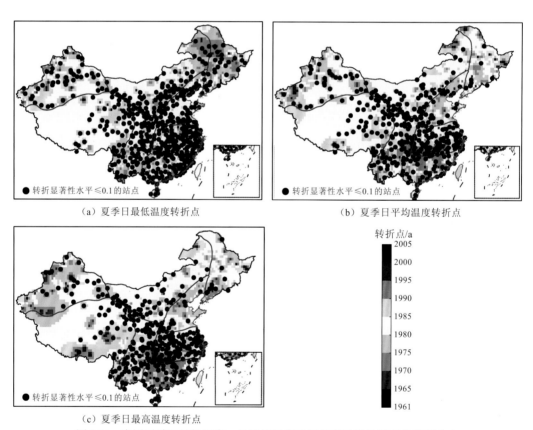

（a）夏季日最低温度转折点　　（b）夏季日平均温度转折点

（c）夏季日最高温度转折点

图1.11　中国夏季日最低温度、日平均温度及日最高温度转折点的空间分布

从图1.11可以看出，夏季日最低温度（$T_{\min}$）中，多数站点（共有489个，约占总站点728个的67%）具有显著的转折特征，检验统计值λ达到了0.1显著性水平；东北区、西南区南部和西部干旱区北部的转折点在1980年以前，西部干旱区西南部、东部干旱区东南部、华中区和华南区中部的转折点在1985年以后。夏季日平均温度（T_{ave}）中，

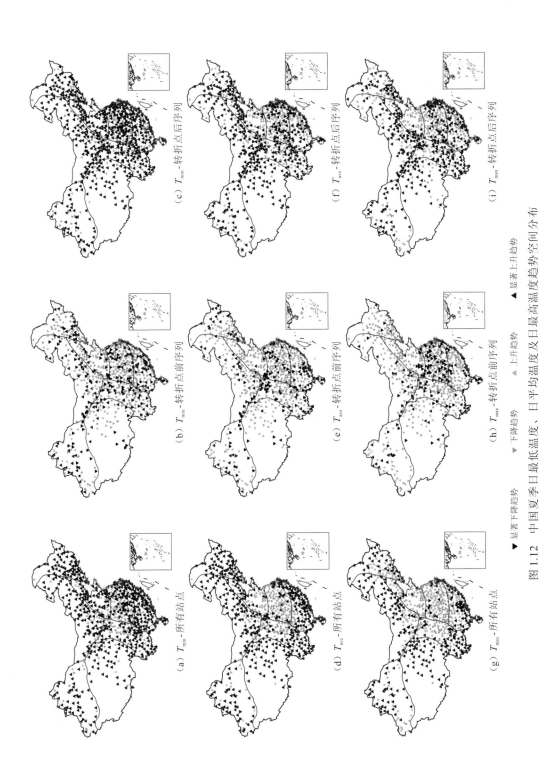

图 1.12　中国夏季日最低温度、日平均温度及日最高温度趋势空间分布

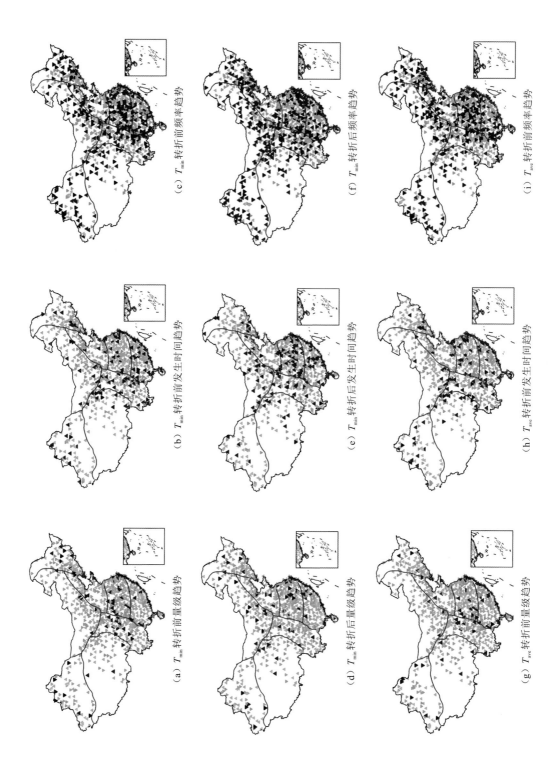

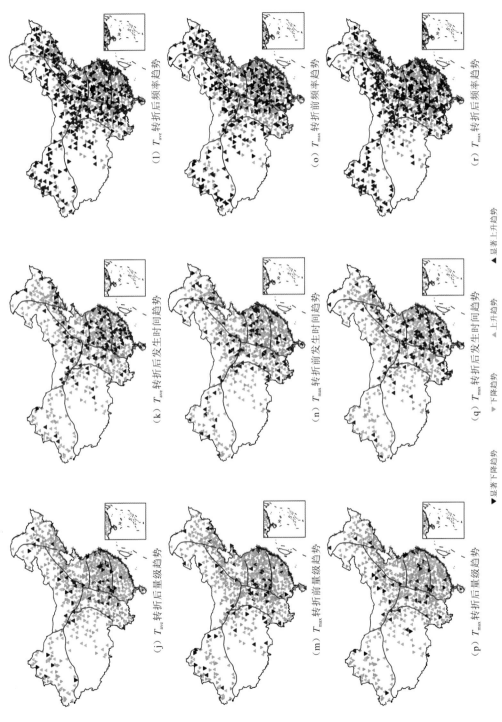

（j）T_{ave} 转折后量级趋势　（m）T_{max} 转折前量级趋势　（p）T_{max} 转折后量级趋势

（k）T_{ave} 转折后发生时间趋势　（n）T_{max} 转折前发生时间趋势　（q）T_{max} 转折后发生时间频率在夏季温度影响下的空间变化特征

（l）T_{ave} 转折后频率趋势　（o）T_{max} 转折前频率趋势　（r）T_{max} 转折后频率趋势

▲ 显著上升趋势　▲ 上升趋势　▼ 下降趋势　▼ 显著下降趋势

图 1.13　中国极端降水量级和发生时间频率在夏季温度影响下的空间变化特征

341 个站点（约占总站点 728 个的 47%）转折点的检验统计值 λ 达到 0.1 显著性水平；东北区东南部、西部干旱区东部和华北区东北部的转折点位于 1980 年之前，中国大部分地区的转折点均位于 1980 年以后，其中西部干旱区西南部、华中区、华南区和西南区西南部的转折点位于 1985 年以后。夏季日最高温度（T_{max}）中，326 个站点（约占总站点 728 个的 45%）转折点的检验统计值 λ 达到 0.1 显著性水平；日最高温度转折点和日平均温度转折点在空间分布上几乎吻合，主要差别在于西部干旱区大部分区域日最高温度的转折点在 1980 年以前。总体来看，夏季日最低温度与日平均温度和日最高温度转折点的空间分布具有较大差异，预示着日最低温度与日平均温度和日最高温度具有不同的演变机制。从区域上看，华中区夏季温度在日最低温度、日平均温度和日最高温度的转折程度上明显高于其他区域（多数站点均达到 0.1 显著性水平），且转折点均基本保持在 1980 年以后，表明华中区的夏季温度有着显著的转折。

在分析夏季温度的转折特征后，进一步分析夏季温度的趋势空间分布（图 1.12）。从图 1.12 可以看出，对于所有站点整体序列，夏季日最低温度、日平均温度和日最高温度在中国大部分区域均呈上升或显著上升趋势，而呈下降或显著下降趋势的区域由华北区西南角扩展到西南区东北部和华中区西北角，再进一步扩展到华北区南部和华中区南部。转折点前、后，夏季日最低温度、日平均温度和日最高温度的空间变化特征基本吻合。在转折点前，夏季温度在西部干旱区东南部、东部干旱区西南部、华北区、华中区和西南区北部呈下降或显著下降趋势；在转折点后，夏季温度在中国大部分区域由转折点前的下降或显著下降趋势转为上升或显著上升趋势。中国大部分区域的夏季温度在演变趋势和方向上均发生了显著的转折。

为了进一步评价夏季温度的转折对中国极端降水事件的影响，分析了中国极端降水量级、发生时间和频率在夏季日最低温度、日平均温度和日最高温度转折点前、后的空间变化特征（图 1.13）。从图 1.13 可以看出，中国极端降水量级对夏季温度的转折响应最显著的区域位于东部干旱区南部和青藏高原区，上述区域由转折前的下降趋势转变为转折后的上升趋势。中国极端降水频率对夏季温度的转折响应最显著的区域位于西部干旱区西北部、东部干旱区南部和东北区东南部，上述区域由转折前的下降或显著下降趋势转变为转折后的上升或显著上升趋势。总体而言，中国极端降水频率相比极端降水量级，对夏季温度的响应更剧烈。中国极端降水发生时间对夏季温度的转折响应最显著的区域位于华中区和华南区；华中区由转折前的上升趋势转变为转折后的显著上升趋势，华南区中部对夏季日平均温度和日最高温度的响应更显著，由转折前的下降趋势转为转折后的上升或显著上升趋势。宏观来看，夏季温度上升，导致中国北方（主要集中在东部干旱区、西部干旱区西北部和青藏高原区一部）的极端降水量级上升，频率显著增加。陈亚宁等[24]同样观察到了中国西北地区温度升高和降水增加这一现象。因为从热力学角度来看，随着温度的增加，饱和水汽压大概呈指数增加，所以降水系统会有更多的水汽可供利用[25]。而水汽散度的时空变化可能导致降水机制的改变。中国北方升温明显，可能引发气团的热动力性质的变化和水汽输送的加强，进而导致极端降水量级上升，极端降水频率增加。而中国北方极端降水发生时间在年内分布较为集中，主要分布在夏季，其他季节分布较少，变化范围较小，因而对夏季温度响应较弱。中国南方（主要集中在华中区和华南区中部）由于夏季温度上升，极端降水发生时间提前或显著提前；而极端降水量级和频率对夏季温度上升响应较弱，可能是因为台风等热带气旋（tropical cyclone）对极端降水的影响较大[26]。

夏季温度存在显著转折点（即检验统计值达到 0.1 显著性水平）的站点数量与极端降水量级存在变异点的站点数量基本一致。夏季气温在中国大部分地区呈明显上升趋势，尤其是华北地区，但是在转折点前呈降温趋势，转折点后呈升温趋势。极端降水频率在变异前后的变化趋势与夏季气温在大部分区域的变化趋势较为一致，进一步表明夏季温度与极端降水存在着紧密的联系。夏季气温转折点前极端降水频率呈显著下降趋势，夏季气温转折点后极端降水频率呈显著上升趋势，尤其是在华北地区。这暗示着在中国北方区域，极端降水事件频率对夏季温度的响应最为敏感。然而，将极端降水事件的变化直接归因于夏季温度的变化仍然是一个非常具有挑战性的课题，需要进一步开展研究。

1.7　本　章　小　结

基于 POT 抽样，分析了中国 728 个站点 1951～2014 年的极端降水量级、频率和发生时间的非一致性特征及其对夏季温度变化的响应，得到以下有意义的结论。

（1）中国极端降水量级有明显的均值和方差变异，综合确定存在变异点的站点数为 404 个，约占总站点数 728 个的 55%。均值和方差变异点位于 1980 年之前的区域主要分布在东部干旱区东部、东北区北部和华中区沿海区域；位于 1980 年之后的区域主要分布在东部干旱区东北部、东北区中北部和西南区中部。中国极端降水量级在大多数站点不具有显著的趋势性特征，且变异前、后趋势的空间分布有较大差异性：西部干旱区、华中区和华南区多数站点的整体序列呈上升趋势，变异后转为下降趋势；东部干旱区和青藏高原区多数站点的整体序列呈下降趋势，变异后转为上升趋势。

（2）中国极端降水频率变异特征不显著，仅有 42 个站点具有显著的变异性，主要集中在西部干旱区北部、东部干旱区东部和华北区。中国大部分区域极端降水频率变异点位于 1980 年之后，仅西部干旱区北部、西南区南部及华中区西部等的变异点位于 1980 年之前。但中国极端降水频率具有显著的趋势性，西部干旱区、东部干旱区西部、西南区北部、华中区南部和华南区东部的极端降水频率呈显著上升趋势；东部干旱区东部、东北区南部、华北区北部及西南区南部的极端降水频率呈下降或显著下降趋势。综合分析中国极端降水量级和频率的非平稳性特征，可以认为：中国极端降水量级没有发生显著的变化，但极端降水频率在大部分区域有显著的上升趋势。

（3）中国极端降水发生时间在年内分布上有着明显的季节性，主要集中在夏季的6～8月；在空间上，东北方年内分布最不均匀，东南方年内分布最均匀。在变异特征上，主要发生均值变异，仅3个站点发生方差变异。均值变异点在1980年以前的区域主要分布在西部干旱区西北部、东部干旱区中东部、华北区东部和华南区中部；在1980年以后的区域主要分布在西部干旱区南部、华北区中部、西南区南部和华南区东部。中国极端降水发生时间在华中区南部呈显著上升趋势，其他区域趋势均不显著。相比中国极端降水量级和频率，变异点对中国极端降水发生时间趋势方向的改变较弱。

（4）夏季温度有着明显的转折特征，且大部分区域转折点位于1980年之后，仅东北区、华中区和西部干旱区的部分区域位于1980年之前。转折点使中国大部分区域的夏季温度在演变趋势和方向上发生了显著改变。就整体序列而言，中国大部分区域的夏季温度呈上升或显著上升趋势；然而在转折点前中国大部分区域如西部干旱区东南部、东部干旱区西南部、华北区、华中区和西南区北部的夏季温度呈下降或显著下降趋势；在转折点后，上述区域的夏季温度转为上升或显著上升趋势。

（5）夏季温度上升，导致中国北方（主要集中在东部干旱区、西部干旱区西北部和青藏高原区一部）的极端降水量级上升，频率显著增加；中国南方（主要集中在华中区和华南区中部）由于夏季温度上升，极端降水发生时间提前或显著提前。中国北方极端降水发生时间集中在6～8月，在时间上改变范围较小，因而对夏季温度响应较弱；中国南方极端降水发生时间在年内分布较为均匀，但其量级和频率受到台风等因素的巨大影响，因而对夏季温度不敏感。

参 考 文 献

[1] ALLEN M R, INGRAM W J. Constraints on future changes in climate and the hydrologic cycle[J]. Nature, 2002, 419(6903): 224-232.

[2] LI J, ZHANG Q, CHEN Y D, et al. Changing spatiotemporal patterns of extreme precipitation regimes in China during 2071～2100 based on Earth system models[J]. Journal of geophysical research, 2013, 118(19): 12537-12555.

[3] LI J, ZHANG Q, CHEN Y D, et al. GCMs-based spatiotemporal evolution of climate extremes during the 21st century in China[J]. Journal of geophysical research, 2013, 118(19): 11017-11035.

[4] ZHANG Q, LI J, SINGH V P, et al. Copula-based spatio-temporal patterns of precipitation extremes in China[J]. International journal of climatology, 2013, 33(5): 1140-1152.

[5] ZHANG Q, SUN P, SINGH V P, et al. Spatial-temporal precipitation changes(1956～2000)and their implications for agriculture in China[J]. Global and planetary change, 2012(82/83): 86-95.

[6] 张强, 李剑锋, 陈晓宏, 等. 基于Copula函数的新疆极端降水概率时空变化特征[J]. 地理学报, 2011,

66(1): 3-12.

[7] 佘敦先, 夏军, 张永勇, 等. 近 50 年来淮河流域极端降水的时空变化及统计特征[J]. 地理学报, 2011, 66(9): 1200-1210.

[8] 任正果, 张明军, 王圣杰, 等. 1961~2011 年中国南方地区极端降水事件变化[J]. 地理学报, 2014, 69(5): 640-649.

[9] 顾西辉, 张强, 孙鹏, 等. 新疆塔河流域洪水量级、频率及峰现时间变化特征、成因及影响[J]. 地理学报, 2015, 70(9): 1390-1401.

[10] VILLARINI G, SERINALDI F, SMITH J A. On the stationarity of annual flood peaks in the continental United States during the 20th century[J]. Water resources research, 2009, 45(8): 1-17.

[11] 顾西辉, 张强. 考虑水文趋势影响的珠江流域非一致性洪水风险分析[J]. 地理研究, 2014, 33(9): 1680-1693.

[12] 顾西辉, 张强, 刘剑宇, 等. 变化环境下年珠江流域洪水频率变化特征、成因及影响研究(1951~2010)[J]. 湖泊科学, 2014, 26(5): 661-670.

[13] ZHANG Q, LI J, SINGH V P, et al. Spatio-temporal relations between temperature and precipitation regimes: implications for temperature-induced changes in the hydrological cycle[J]. Global and planetary change, 2013, 111: 57-76.

[14] 张家诚, 林之光. 中国的气候[M]. 上海: 上海科学技术出版社, 1985: 467-506.

[15] ZHANG Q, QI T, SINGH V P, et al. Regional frequency analysis of droughts in China: A multivariate perspective[J]. Water resources management, 2015, 29(6): 1767-1787.

[16] KILLICK R, ECKLEY I A. Changepoint: An R package for changepoint analysis[J]. Journal of statistical software, 2014, 58(3): 1-19.

[17] VILLARINI G, SMITH J A, VECCHI G A, et al. Changing frequency of heavy rainfall over the central United States[J]. Journal of climate, 2013, 26(1): 351-357.

[18] TOMS J D, LESPERANCE M L. Piecewise regression: A tool for identifying ecological thresholds[J]. Ecology, 2003, 84(8): 2034-2041.

[19] 顾西辉, 张强, 陈晓宏. 中国降水及流域径流均匀度时空特征及影响因子研究[J]. 自然资源学报, 2015, 30(10): 1714-1724.

[20] 顾西辉, 张强, 王宗志. 1951~2010 年珠江流域洪水极值序列平稳性特征研究[J]. 自然资源学报, 2015, 30(5): 824-835.

[21] MALLAKPOUR I, VILLARINI G. The changing nature of flooding across the central United States[J]. Nature climate change, 2015, 5(3): 250-254.

[22] HIRSCH R M, ARCHFIELD S A. Flood trends: Not higher but more often[J]. Nature climate change, 2015, 5(3): 198-199.

[23] MEDIERO L, KJELDSEN T R, MACDONALD N, et al. Identification of coherent flood regions across Europe by using the longest streamflow records[J]. Journal of hydrology, 2015, 528: 341-360.

[24] 陈亚宁, 李稚, 范煜婷, 等. 西北干旱区气候变化对水文水资源影响研究进展[J]. 地理学报, 2014, 69(9): 1295-1304.

[25] ALLAN R P, SODEN B J. Atmospheric warming and the amplification of precipitation extremes[J]. Science, 2008, 321(5895): 1481-1484.

[26] 申茜, 张世轩, 赵俊虎, 等. 近海台风对中国东部夏季降水的贡献[J]. 物理学报, 2013, 62(18): 189-201.

第 2 章

多尺度不同量级极端降水发生率
非一致性特征

极端降水及其分布常被认为服从一致性的统计过程，并被应用于计算水利设施的设计标准，但近年来一致性假设越来越受到质疑[1]。已有大量研究分析了极端降水量级的非一致性[2-4]，但是极端降水频率的非一致性却没有受到应有的关注。Mallakpour 和 Villarini[5]指出受极端降水频率变化的影响，美国洪水量级没有发生明显的变化，但是洪水发生次数却在显著增多。极端降水及伴随的洪水事件常常带来巨大的社会和经济影响，因而具有极大的研究价值与意义。常用 POT 抽样获得极端降水频率序列：每次极端降水发生时间（时间数据）[6]和年极端降水发生次数（计数数据）[7]。

时间数据和计数数据均可模拟为点过程，并服从具有恒定发生率的泊松分布（Poisson distribution），即一致性泊松过程（Poisson process）。近年来一致性泊松过程的假设也面临较大挑战。Silva 等[6]基于核估计方法模拟了洪水发生过程在年际尺度上的变化，认为洪水事件组成了一个非均匀的泊松过程，导致洪水发生率在年际尺度上呈现非一致性。Villarini 等[8]指出洪水事件集中发生在一年中的固定时期，呈现明显的季节性，且发生率在年内尺度上明显受到其他协变量的驱动，使洪水发生率在年内尺度上呈现非一致性。Silva 等[6]和 Villarini 等[8]主要关注时间数据的泊松分布。Mumby 等[9]则指出计数数据也可能不具有随机变化的特征，其发生率随协变量的变化而变化，呈现非一致性。

综上所述，极端降水频率的非一致性可以通过极端降水发生率是否满足时间不变这一假设来衡量。因此，本章关注的主要问题为：①基于时间数据的中国极端降水发生率在年际尺度上的一致性特征；②基于时间数据的中国极端降水发生率在年内尺度上是否依赖气候指标等协变量过程；③基于计数数据的中国极端降水发生率的非一致性特征及与气候指标的关系。同时本章通过建立风场距平与气候指标的回归关系，尝试对极端降水发生率与气候指标的联系做出可能的机理解释。

2.1　研　究　数　据

降水数据详细信息见 1.1 节。低频气候变化对中国降水过程有着显著影响。已有大量研究证实厄尔尼诺-南方涛动（El Niño-southern oscillation，ENSO）[10]、北大西洋涛动（North Atlantic oscillation，NAO）[11]、印度洋偶极子（Indian Ocean dipole，IOD）[12]和太平洋年代际振荡（Pacific decadal oscillation，PDO）[13]对中国降水变化有重要作用。因此，本书选择 ENSO、NAO、IOD 和 PDO 作为影响中国极端降水发生率非一致性的气候因子（协变量），分析极端降水发生率是否依赖上述气候因子。气候指标值大于 0 时，位于正相位，小于 0 时，位于负相位。实测气候指标值越高，表明气候指标值越大。

2.2　研　究　方　法

将日尺度降水序列中降水量大于 1mm 的作为有降水事件，并将它们组成新序列，计算新序列的经验概率分布，再将 85%、90%、95% 和 99% 分位数分别作为 POT 抽样的阈值，获得 POT 抽样的极端降水序列。作为阈值的分位数越大，抽样得到的极端降水量级越高。

2.2.1　基于核估计的年际尺度极端降水发生率

核估计是用来平滑 POT 抽样序列点过程数据的一种非参数方法。对于点过程数据密度的估计，如时间依赖性的极端降水发生率 λ(t)（年际尺度）的计算如下[6]：

$$\lambda(t) = h^{-1}\sum_{i=1}^{b} K\left(\frac{t-T_i}{h}\right) \tag{2.1}$$

式中：T_i 为第 i 次极端降水发生的时间，d；b 为 POT 抽样的极端降水发生次数；$K(\cdot)$ 为核函数；h 为核函数的窗宽，为了分析 λ(t) 年际的演变规律，去除年内季节性变化，窗宽 h 的取值应该大于 365.25 d。高斯（Gaussian）核函数是应用最广泛的核函数，能够有效利用傅里叶（Fourier）空间并对极端降水发生率 λ(t) 产生一个平滑的估计[6]。极端降水发生率 λ(t) 表示在给定的时间 t 内，平均每天超过阈值的极端降水发生次数，单位为 1/d。因为极端降水发生次数常常以年尺度为单位，所以将极端降水发生率 λ(t) 乘以 365.25，表征意义为在给定的时间 t 内，平均每年超过阈值的极端降水发生次数。详细的计算过程可以参考文献[6]。用式（2.1）可以计算每一次极端降水发生时间对应的极端降水发生率 λ(t)。然后求取位于同一年内所有极端降水发生率 λ(t) 的均值，组成一个时间序列。在计算每年极端降水发生率后，采用修正 MK 法[14]分析极端降水发生率的时间趋势特征。

如果极端降水在某个时间区间的发生总量大小仅仅取决于区间的长度，则极端降水发生次数序列是一个稳定的泊松过程，其发生率参数 $λ_i$ 是个常量。反之，在泊松过程中如果引进时间依赖性的变量，即泊松过程的发生率参数 $λ_i$ 是时间的函数 λ(t)，则泊松过程是非一致性过程。当泊松过程是一致性过程时，变量 $\omega_i = (T_i - T_1)/(T_m - T_1)$（POT 抽样时间序列的标准化，$T_1$ 为第一次极端降水发生的时间，T_m 为最后一次极端降水发生的时间）服从区间[0, 1]上的均匀分布。通过科尔莫戈罗夫-斯米尔诺夫 D 值（Kolmogorov-Smirnov D，KSD）检验 ω_i 的经验分布函数 $\widehat{F}(\omega_i)$ 是否服从均匀分布函数 $F(\omega)=w$，w 为 POT 抽样时间序列的标准化指数，用 $0 \le w \le 1$ 判别极端事件发生时间序列是否具有均匀特征[6]。

2.2.2　基于考克斯回归模型的年内尺度极端降水发生率

考克斯回归模型（Cox regression model，CRM）用来模拟点过程数据，并将外在的协变量如气候指标纳入极端降水发生次数分析中[8]。简言之，CRM 就是极端降水发生率（年内尺度）随时间变化的泊松过程（非平稳性泊松过程）；在特殊的情况下，当极端降水发生率恒定时，CRM 简化为一致性的泊松过程。本书则用 CRM 来检验极端降水点过程的发生率（年内尺度）是否依赖协变量过程。

极端降水发生的点过程计算如下[8]：

$$N_i(t_y) = \sum_{j=1}^{M_i} 1, \quad T_{i,j} \leqslant t_y \tag{2.2}$$

式中：t_y 为极端降水发生的时间，d，$t_y \in [0,\ T]$，0 为每年起始时间，T 为每年结束的时间，等于 365 或 366；M_i 为第 i 年极端降水发生的总次数；$T_{i,j}$ 为第 i 年第 j 场极端降水发生的时间，d。$\Pr\{N_i(t_y),\ t_y \in [0,\ T]\}$ 是具有独立离散区间的泊松过程，并且符合泊松分布[8]：

$$\Pr\{N_i(t_y) = k\} = \frac{\exp\left[-\int_0^t \lambda(u)\mathrm{d}u\right]\left[\int_0^t \lambda(u)\mathrm{d}u\right]^k}{k!} \tag{2.3}$$

式中：$\lambda(u)$（$u \in [0,\ T]$，0 为每年起始时间，T 为每年结束的时间，等于 365 或 366）为一个非负函数，代表极端降水随时间变化的发生率。如果 $\lambda(u)$ 在 $u \in [0,T]$ 时为常量，则极端降水过程为一致性泊松过程。极端降水发生率 $\lambda(u)$ 随时间或协变量的变化而变化，则表明极端降水过程不符合一致性泊松过程。极端降水发生率 $\lambda(u)$ 依赖于协变量过程[8]：

$$\lambda_i(t) = \lambda_0(t)\exp\left[\sum_{j=1}^m \beta_j Z_{ij}(t)\right] \tag{2.4}$$

式中：$\lambda_0(t)$（$t \in [0,\ T]$，0 为每年起始时间，T 为每年结束的时间，等于 365 或 366）为非负的时间函数，也称为基准风险函数；$Z_{ij}(t)$ 为第 i 年第 j 个协变量的函数；β_j 为第 j 个协变量函数的系数；$\lambda_i(t)$ 为第 i 年极端降水发生率过程，也称为条件密度函数或风险函数。将与 POT 抽样极端降水发生月份相应的当月 ENSO、NAO、IOD 和 PDO 四种气候指标值作为协变量，相似的做法已在 Villarini 等[8]及 Maia 和 Meinke[15]的研究中得到了应用。对于协变量，以最小赤池信息量准则（Akaike information criterion，AIC）为准则，采用阶梯式逐步筛选最佳拟合协变量。协变量能否充分拟合极端降水发生时间数据，采用卡方检验（chi-square test）进行验证。卡方检验用来检验最终拟合模型是否满足比例风险模型（proportional hazards model）假设：卡方检验统计值的显著性 P 值大于 0.05，则表明满足比例风险模型假设。

2.2.3　泊松回归模型

极端降水年发生次数序列服从泊松分布，如果点过程数据满足一致性和独立性假设，

则分布参数为 $\hat{\mu}=\mathrm{Var}(X)/E(X)$，$X$ 为随机变量。因此，描述极端降水发生次数离散特征的统计量定义为[12]

$$D=\frac{\mathrm{Var}(N_i)}{E(N_i)}-1 \tag{2.5}$$

式中：N_i 为第 i 年极端降水发生次数；$E(N_i)$ 为极端降水发生次数的均值；$\mathrm{Var}(N_i)$ 为极端降水发生次数的方差；D 为离散系数。D 大于 0，表示 POT 抽样的极端降水发生次数序列过度离散，呈现分明的丰富期和贫乏期；D 小于 0，表示 POT 抽样的极端降水发生次数序列低于离散，呈现出比泊松分布更规律的特征。采用拉格朗日乘数法（Lagrange multiplier statistic method）计算 D 是否达到显著性水平[16]。

在泊松分布中，分布参数 $\hat{\mu}$ 可以被拟合为多个时间协变量的线性函数[9]：

$$\lg(\hat{\mu})=\eta_0+\eta_1 X_1+\cdots+\eta_m X_m \tag{2.6}$$

式中：$X_1\sim X_m$ 为随时间变化的协变量，这里指 ENSO、NAO、IOD 和 PDO 四种气候指标的年平均值；$\eta_1\sim\eta_m$ 为 $\hat{\mu}$ 拟合多时间协变量线性函数的斜率。分别将四种气候指标进行正态标准化处理来消除四种气候指标之间量级的差异对泊松回归系数（Poisson regression coefficient，PRC）的影响。η_m 越大，表明气候指标对极端降水年发生次数影响越大。另外，通过广义可加模型（generalized additive models for location，scale and shape，GAMLSS）[17-18] 建立泊松分布参数与气候指标的回归关系，计算上述四种气候指标的 PRC。

2.3　POT 抽样的极端降水的季节性分布特征

基于 POT 抽样获取极端降水发生的点过程信息。对于每一个降水站点，分别计算其非零序列（日降水量大于 1 mm）的 85%、90%、95% 和 99% 分位数，并将其作为阈值，抽样得到极端降水的时间数据和计数数据。每次极端降水发生的时间数据有两种表达形式：一种是年际尺度（每次极端降水发生时间在整个时间尺度内的位置，如 99，191，240，479，495，559，579，932，…）；另一种是年内尺度（每次极端降水发生时间在相应年中的位置，上限为 365 或 366，如 99，191，240，114，130，194，214，202，…）。年际尺度和年内尺度的时间数据均可模拟为点过程，分别用来分析极端降水发生率的非一致性特征。在 85%、90%、95% 和 99% 分位数的阈值条件下，通过 POT 抽样获得极端降水序列，统计每个站点极端降水出现在春季、夏季、秋季和冬季的比例，再求取全国 728 个站点的平均值（图 2.1）。从图 2.1 可以看出，极端降水发生在各季节的比例随阈值的变化而明显不同。在低阈值条件下（85% 和 90% 分位数），更多的极端降水出现在春季和秋季，然而高阈值条件下（95% 和 99% 分位数），极端降水主要集中在夏季。因此，考虑不同的阈值，可以全面地分析具有不同产生机制的各季节极端降水发生率的一致性特征。

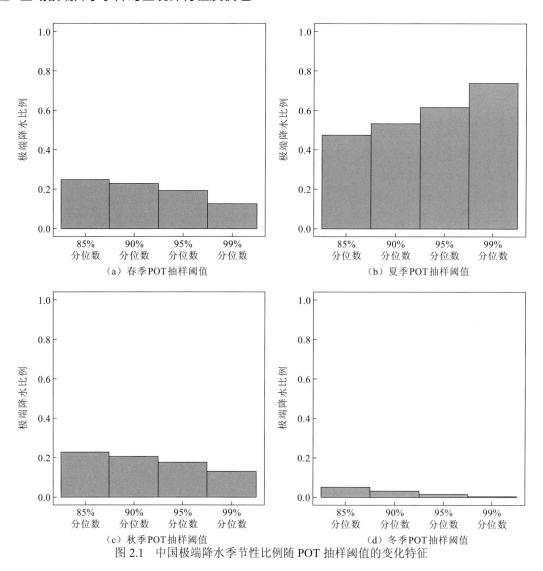

图 2.1　中国极端降水季节性比例随 POT 抽样阈值的变化特征

2.4　极端降水发生率在年际尺度上的非一致性特征

从极端降水发生率在年际尺度上的时间趋势（图 2.2）和分布均匀性（图 2.3）两个方面检测其一致性特征。从图 2.2 可以看出，中国西北部和东南部极端降水发生率呈显著增加趋势，极端降水发生次数在显著增多，可能引发洪水次数增加。有研究表明近几十年来，位于西北部的新疆塔里木河流域洪水发生次数明显上升[14]。过去几十年来，西北干旱区气温上升速率高于全球平均水平，并在 1987 年出现了突变型升高[19]。另有研究表明，温度升高导致位于西北部的新疆区域的气候由暖干向暖湿转变[20]，并加大了极端降水事件的频率和强度[19]。因为从热力学角度来看，随着温度的增加，饱和水汽压指数增加，所以降水系统会有更多的水汽可供利用[21]。水汽散度的时空变化可能导致降水机制的改变。中国西北干旱区升温明显，可能引发气团的热动力性质的变化和水汽输送的加强，进而导致极端降水量级上升，频率增加。区域性近地面风速减弱导致的雨量观测系统偏差，以及大范围气溶胶浓度的增加，可能是东部季风区大多数气象站观测到的强降水事件频率增加的两个重要原因[22]。极端降水发生次数呈显著下降趋势的站点没有很强的区域性，主要零散分布在中东部。为了探究抽样阈值对极端降水发生率时间趋势的影响，对比分析了 85%、90%、95% 和 99% 分位数四种阈值下的趋势特征。阈值对极端降水发生率呈显著上升趋势的站点数量（85%、90%、95% 和 99% 分位数四种阈值下分别为 195、209、205 和 211）和空间分布没有明显的影响。然而阈值越高，极端降水发生率呈显著下降趋势的站点有明显增加的趋势，分别为 45、56、76 和 112；主要是在夏季的高量级（99% 分位数为阈值），极端降水发生次数在华北地区有明显下降趋势。

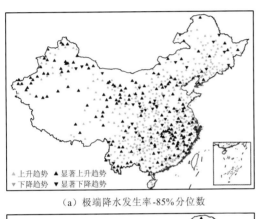

（a）极端降水发生率-85%分位数

（b）极端降水发生率-90%分位数

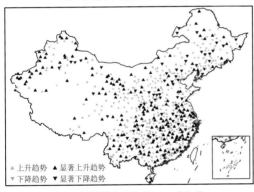

（c）极端降水发生率-95%分位数

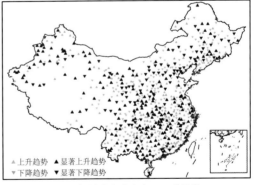

（d）极端降水发生率-99%分位数

图 2.2　中国极端降水发生率在年际尺度上的时间趋势特征

　　极端降水发生率在年际分布上的均匀性特征也是评价其非一致性的一个重要方面（图 2.3）。从图 2.3 可以看出，四种阈值下，中国极端降水发生率呈显著非均匀分布的站点主要位于西北部，而且西北部极端降水发生率呈显著上升趋势，这一区域极端降水可能在某些年份内集中大量发生，容易形成灾害性气候。阈值对极端降水发生率呈不均匀分布的站点具有明显的影响。从低阈值到高阈值，呈非均匀分布的站点由主要集中在西北部逐渐扩展到全国，站点数量由 49 个增加到 113 个。因此，高阈值下主要发生在夏季的大量级极端降水，其发生率在年际分布上更加不均匀。

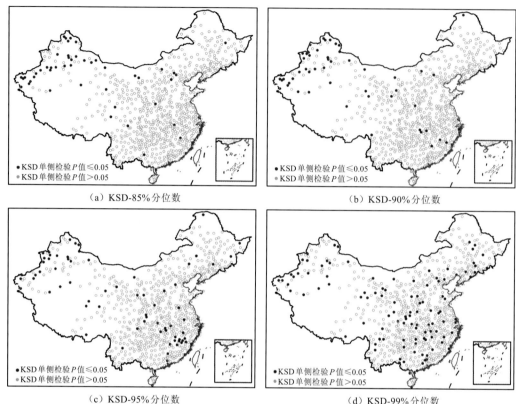

（a）KSD-85%分位数　　　　　　　　　　（b）KSD-90%分位数

（c）KSD-95%分位数　　　　　　　　　　（d）KSD-99%分位数

图 2.3　中国极端降水发生率非均匀性 KSD 单侧检验

P 表示卡方检验统计值的显著性 P 值

2.5　极端降水发生率在年内尺度上的非一致性特征

在分析了极端降水发生率在年际尺度上的非一致性特征后，图 2.4 展示了基于 CRM 构建的极端降水发生率在年内尺度上与气候指标的关系。根据 Villarini 等[8]的研究，如果极端降水事件发生过程没有季节性特征，泊松分布参数是一个常量，极端事件发生过程为一致性过程；相反，泊松分布参数不是常量，受到协变量的驱动，极端事件发生过程在年内尺度上为非一致性过程。从图 2.4 可以看出，所有站点卡方检验统计值的显著性 P 值均大于 0.05，满足 CRM 的假设。在中国的中部及北部，卡方检验统计值的显著性 P 值甚至高于 0.5，表明 CRM 对极端降水发生率和气候指标的拟合非常好。并且随着阈值的升高，卡方检验统计值的显著性 P 值较大的区域也在扩张。因此，高阈值下，极端降水发生率在年内尺度上受到气候指标的驱动更明显。具体来说，ENSO 和 NAO 对于中部与西南部以 85%、90%分位数为阈值的极端降水发生率在年内尺度上影响更大，IOD 对于以 85%、90%分位数为阈值的极端降水发生率的影响主要集中在中南部和南部，PDO 的影响相对其他指标更加广泛。然而，随着阈值的增加，气候指标对极端降水发生率在年内尺度的影响趋于变弱。

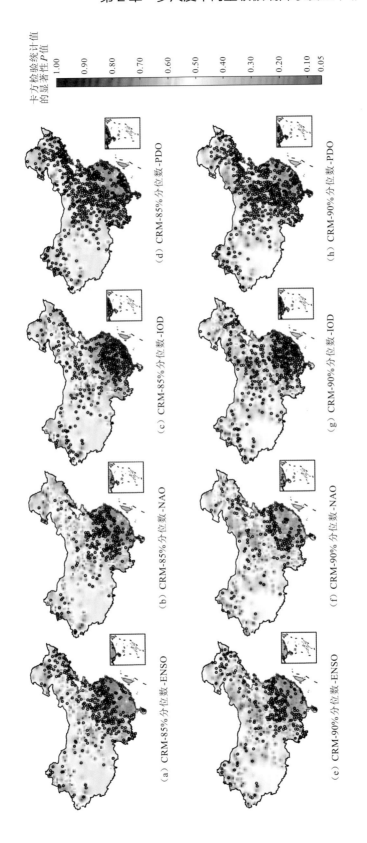

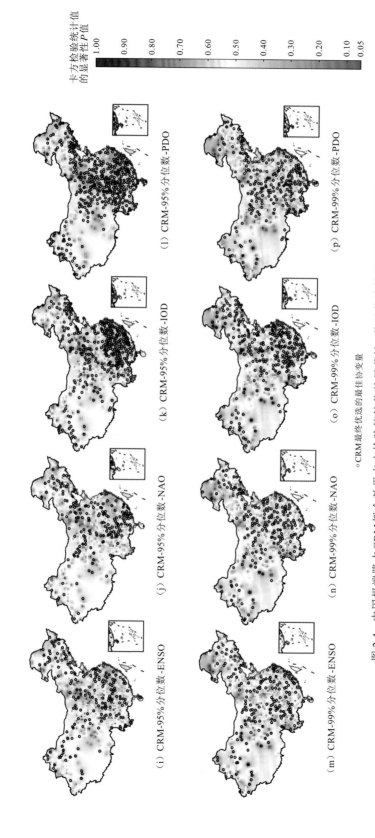

图2.4 中国极端降水CRM拟合效果卡方检验P值的显著性P值及优选的最重要的协变量分布

图中空间分布颜色表示CRM拟合效果卡方检验统计值的显著性P值的空间插值，黑色圆点表示选择相应的气候指标为最佳协变量的站点位置

2.6 极端降水年发生率的变化特征

在分析基于时间数据的极端降水发生率在年际尺度和年内尺度的非一致性特征后,用泊松回归模型分析 POT 抽样的计数数据(年发生次数)的发生率变化特征(图 2.5)。从图 2.5 可以看出,中国大部分区域的离散系数小于 0,甚至大部分站点达到了 0.05 的显著性水平(阈值为 85%~99%分位数达到 0.05 显著性水平的站点个数分别为 674、638、470 和 97),表明极端降水年发生次数过于离散,在年际分布上相比泊松分布更有规律性。阈值为 85%和 95%分位数时离散系数大于 0 的站点主要集中在西北地区,且多数达到 0.05 显著性水平,表明极端降水年发生次数过于离散,在年际上容易出现较大的振荡起伏。当阈值为 99%分位数时,中部和南部均出现了离散系数大于 0 的站点。随着阈值的增加,中国极端降水年发生次数的离散系数趋向于增加,离散系数大于 0 的站点明显增加(阈值为 85%~99%分位数离散系数大于 0 的站点个

（a）离散系数-85%分位数

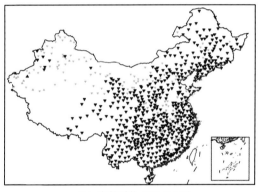

（b）离散系数-90%分位数

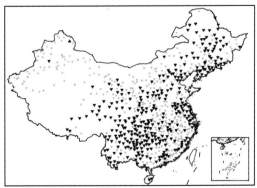

（c）离散系数-95%分位数

（d）离散系数-99%分位数

▲ 离散系数>0且未达到0.05显著性水平   ▼ 离散系数<0且未达到0.05显著性水平
▲ 离散系数>0且达到0.05显著性水平   ▼ 离散系数<0且达到0.05显著性水平

图 2.5 中国极端降水年发生次数离散系数分布

数分别为 9、14、28 和 163），中国极端降水年发生次数趋向于非平稳特征。最极端的降水事件在年际尺度上更容易呈现非平稳特征，可能引起极端灾害事件的持续发生，从而给社会经济发展带来严峻的威胁。

利用 GAMLSS 计算了极端降水年发生次数与经过标准化处理的 ENSO、NAO、IOD 和 PDO 的 PRC，分析了上述四种气候指标对极端降水频率的影响（图 2.6）。从图 2.6 可以看出，ENSO 和 PDO 对中国极端降水年发生次数的影响范围、程度和方向较为一致。当阈值为 85% 和 90% 分位数时，通过西部、北部和华北地区极端降水年发生次数与 ENSO 和 PDO 的 PRC 大于 0 可以发现，ENSO 和 PDO 越频繁，极端降水年发生次数越多，东北部则相反；当阈值为 95% 和 99% 分位数时，ENSO 和 PDO 与年极端降水发生次数的 PRC 大于 0 的区域进一步扩展到中部、西南地区和南部。随着阈值的增加，ENSO 和 PDO 对年极端降水发生次数的影响增大，其中以西北地区最为显著。IOD 与极端降水年发生次数的 PRC 大于 0 的区域主要位于西北地区的南部、南部地区的西部。在四种气候指标中，NAO 对中国极端降水年发生次数的影响较弱，PRC 大于 0 的区域主要集中在西南部。

从 850 hPa 风场距平与气候指标的回归关系来尝试解释气候指标对极端降水发生次数的影响（图 2.7）。中国季风区夏季降水主要受到亚洲季风区水汽输送的影响。夏季亚洲季风区为强大的水汽汇，东亚大陆和印度季风区均有较强的水汽辐合中心。印度季风在 5~7 月以纬向向东的输送加强，东亚季风在 6~7 月以经向向北的输送加强为主，7 月达到最强，8~9 月季风减弱直至结束。季风爆发后大量水汽从南半球输入亚洲季风区，并从南海北边界输入中国大陆[23]。从图 2.7（a）可以看出，当 ENSO 位于正相位时，来自印度洋的南风源源不断地将水汽挟带到中国西南部，有利于西南部地区降水的发生（图 2.6）。对于 NAO，有一个中心位于日本海的异常气旋[图 2.7（b）]。并且 NAO 位于正相位时，中国东北部显著地受到来自干旱地区的北向风的影响，中国西北部显著地受到来自干旱地区的西风的影响，但是由于这两种风向不是来自海洋，挟带的水汽较少，故不利于降水的发生[图 2.6、图 2.7（b）]。当 IOD 位于正相位时，来自印度洋南风和来自太平洋的东风在中国南部汇合，并挟带了大量的水汽，非常利于中国南方降水的发生[图 2.6、图 2.7（c）]。对于 PDO，有一个中心位于印度洋的异常反气旋，还有一个中心靠近日本海的异常气旋。大量的水汽通过来自印度洋和日本海的风挟带到中国，可能加强中国大部分区域降水发生的频率[图 2.6、图 2.7（d）]。中国由于区域较大，各季节极端降水机制又有较大差异，很难完全阐明各区域极端降水的成因。例如，西北地区，尤其是新疆，由于特殊的地形地貌，山区极端降水还受到地形的影响。而东南地区靠近太平洋，其极端降水还受到热带气旋的显著影响[23]。因此，本书构建风场距平与气候指标的回归关系，从这个角度进行可能的机理分析。

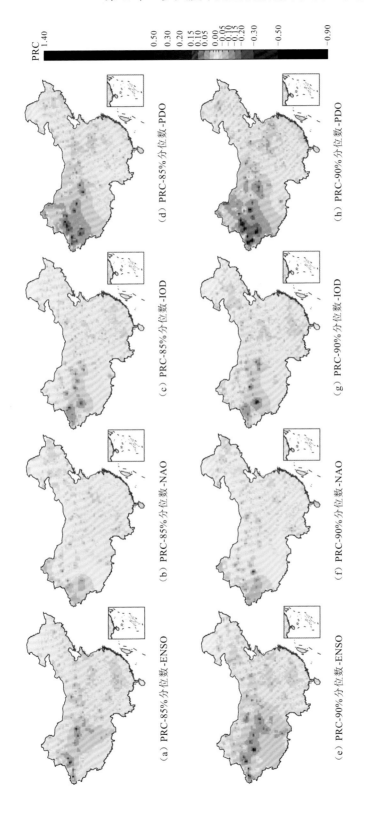

（a）PRC-85%分位数-ENSO　　（b）PRC-85%分位数-NAO　　（c）PRC-85%分位数-IOD　　（d）PRC-85%分位数-PDO

（e）PRC-90%分位数-ENSO　　（f）PRC-90%分位数-NAO　　（g）PRC-90%分位数-IOD　　（h）PRC-90%分位数-PDO

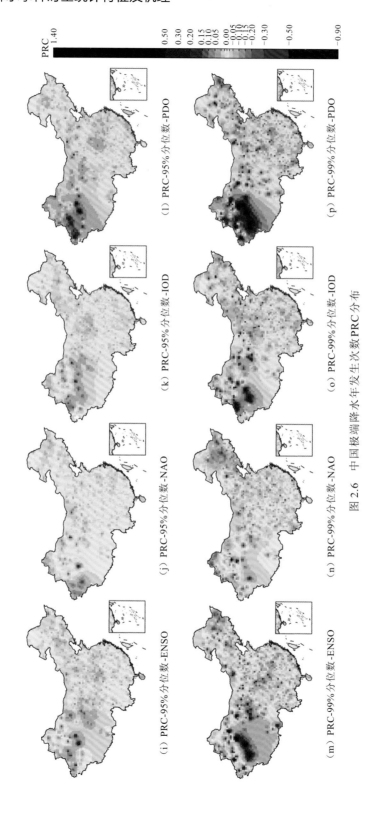

图 2.6　中国极端降水年发生次数 PRC 分布

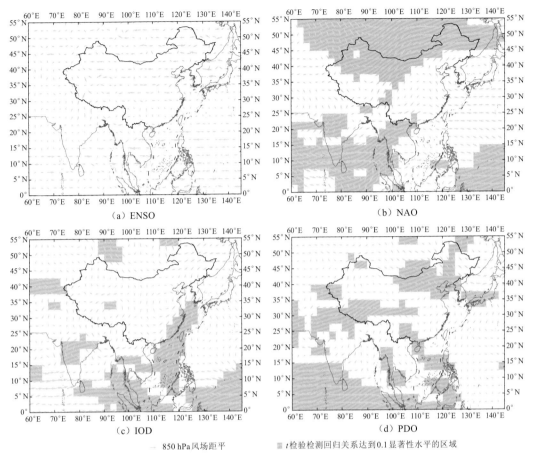

(a) ENSO　　　　　　　　　　　　　　(b) NAO

(c) IOD　　　　　　　　　　　　　　(d) PDO

— 850 hPa 风场距平　　　■ t 检验检测回归关系达到 0.1 显著性水平的区域

图 2.7　850 hPa 风场距平与气候指标的回归关系的空间特征

2.7　本章小结

通过 POT 抽样，分析了不同阈值（不同量级）条件下中国极端降水发生率在年际和年内尺度及年发生次数的非一致性特征，得出以下有意义的结论。

（1）西北部和东南部极端降水发生率在年际尺度上呈显著上升趋势，上述区域极端降水发生频率显著加强，可能引发更严峻的洪涝灾害。中部及东北部极端降水发生率在年际尺度上呈显著下降趋势，极端降水发生频率在减弱。极端降水发生率呈显著下降趋势的站点相比显著上升趋势的站点对阈值的增加更敏感。

（2）西北部极端降水发生率在年际上的分布较东南部更不均匀，随着阈值的增加，西北部不均匀程度和范围分别有较明显的增加与扩展。具有显著不均匀性的站点主要集中在西北部，随着阈值的增加进一步扩展到西南部和北部，并且全国总站点个数也从 49 个增加到 113 个。阈值越高，极端降水事件量级越大，极端降水事件发生时间的集中程度越显著，越不利于区域水资源管理、农业防汛抗旱和城市洪涝治理。

（3）卡方检验统计值的显著性 P 值显示 ENSO、NAO、IOD 和 PDO 四种气候指标对极端降水发生率在年内尺度上有较好的拟合效果。不同区域极端降水发生率在年内尺度上受到不同气候指标的驱动，表明极端降水发生率在年内尺度上呈现季节性的非一致性特征。然而阈值的增加趋于减弱气候指标对极端降水发生率的影响。

（4）中国大部分地区（除西北部）的极端降水年发生次数不具有过于离散的特征，但是随着阈值的增加，越来越倾向于呈现过于离散的特征。PRC 显示 PDO 和 ENSO 对中国极端降水年发生次数的影响最为显著，IOD 主要影响西北部，NAO 的影响最小。当 PDO 和 ENSO 处于正相位且增大时，中国西部和中部的年极端降水发生次数将随之增加，东北部则相反。

参 考 文 献

[1] MILLY P C D, BETANCOURT J, FALKENMAR M, et al. Stationarity is dead: Whither water management?[J].Science, 2008, 319(5863): 573-574.

[2] 张强, 李剑锋, 陈晓宏, 等. 基于 Copula 函数的新疆极端降水概率时空变化特征[J]. 地理学报, 2011, 66(1): 3-12.

[3] 佘敦先, 夏军, 张永勇, 等. 近50年来淮河流域极端降水的时空变化及统计特征[J]. 地理学报, 2011, 66(9): 1200-1210.

[4] 任正果, 张明军, 王圣杰, 等. 1961～2011 年中国南方地区极端降水事件变化[J]. 地理学报, 2014, 69(5): 640-649.

[5] MALLAKPOUR I, VILLARINI G. The changing nature of flooding across the central United States[J]. Nature climate change, 2015, 5: 250-254.

[6] SILVA A T, PORTELA M M, NAGHETTINI M. Nonstationarities in the occurrence rates of flood events in Portuguese watersheds[J]. Hydrology and Earth system sciences, 2012, 16(1): 241-254.

[7] VILLARINI G, SMITH J A, VECCHI G A. Changing frequency of heavy rainfall over the central United States[J]. Journal of climate, 2013, 26(1): 351-357.

[8] VILLARINI G, SMITH A J, VITOLO R, et al. On the temporal clustering of US floods and its relationship to climate teleconnection patterns[J]. International journal of climatology, 2013, 33(3): 629-640.

[9] MUMBY P J, VITOLO R, STEPHENSON D B. Temporal clustering of tropical cyclones and its ecosystem impacts[J]. Proceedings of the national academy of sciences of the United States of America, 2011, 108(43): 17626-17630.

[10] 薛峰, 刘长征. 中等强度 ENSO 对中国东部夏季降水的影响及其与强 ENSO 的对比分析[J]. 科学通报, 2007, 52(23): 2798-2805.

[11] 徐寒列, 李建平, 冯娟, 等. 冬季北大西洋涛动与中国西南地区降水的不对称关系[J]. 气象学报, 2012, 70(6): 1276-1291.

[12] 刘宣飞, 袁慧珍, 管兆勇. ENSO 对 IOD 与中国夏季降水关系的影响[J]. 热带气象学报, 2008, 24(5):

502-506.

[13] 魏风英, 张婷. 淮河流域夏季降水的振荡特征及其与气候背景的联系[J]. 中国科学: D 辑, 2009, 39(10): 1360-1374.

[14] 顾西辉, 张强, 孙鹏, 等. 新疆塔河流域洪水量级、频率及峰现时间变化特征、成因及影响[J]. 地理学报, 2015, 70(9): 1390-1401.

[15] MAIA A H N, MEINKE H. Probabilistic methods for seasonal forecasting in a changing climate: Cox-type regression models[J]. International journal of climatology, 2010, 30(15): 2277-2288.

[16] GREENE W H. Econometric analysis[M]. 5th ed. New York: Prentice Hall, 2003.

[17] 顾西辉, 张强, 王宗志. 1951～2010 年珠江流域洪水极值序列平稳性特征研究[J]. 自然资源学报, 2015, 30(5): 824-835.

[18] 顾西辉, 张强, 陈晓宏, 等. 气候变化与人类活动联合影响下东江流域非一致性洪水频率[J]. 热带地理, 2014, 34(6): 746-757.

[19] 陈亚宁, 李稚, 范煜婷, 等. 西北干旱区气候变化对水文水资源影响研究进展[J]. 地理学报, 2014, 69(9): 1265-1304.

[20] 施雅风, 沈永平, 胡汝骥. 西北气候由暖干向暖湿转型的信号、影响和前景初步探讨[J]. 冰川冻土, 2002, 24(3): 219-226.

[21] ALLAN R P, SODEN B J. Atmospheric warming and the amplification of precipitation extremes[J]. Science, 2008, 321(5895): 1481-1484.

[22] 任国玉, 柳艳菊, 孙秀宝, 等. 中国大陆降水时空变异规律: III. 趋势变化原因[J]. 水科学进展, 2016, 27(3): 327-348.

[23] 申茜, 张世轩, 赵俊虎, 等. 近海台风对中国东部夏季降水的贡献[J]. 物理学报, 2013, 62(8): 1-10.

第 **3** 章

极端降水季节性特征
及非一致性分析

变化环境下，极端事件发生过程和统计分布的一致性受到越来越多的质疑[1]。而基于一致性假设设计的城市防洪安全设施、大坝、水库等则面临潜在的风险。因此，已有大量的研究分析了气象水文过程的非一致性。顾西辉和张强[2]基于两参数对数正态分布分析了珠江流域洪峰的非一致性特征。冯平和李新[3]则构建了洪峰和洪量联合非一致性的科普拉（copula）模型。之前的研究多关注气象水文极端事件量级的非一致性规律，而忽视了极端事件发生时间在气候变化的影响下也可能出现非一致性现象。

已经有一些研究分析了极端降水的季节性特征。胡彩霞等[4]基于基尼系数分析了东江流域径流年内分配均匀度。顾西辉等[5]基于基尼系数分析了全国极端降水的年内分配均匀度。郭群等[6]研究了降水时间对内蒙古温带草原地上净初级生产力的影响。但是，关于极端降水发生时间的趋势、变异等非一致性规律及背后影响因子（如大气环流变化、热带气旋等）的研究依然较为缺乏。极端降水季节性分布类型具有多样性，其一年中季节性的持续时间和大小往往受到大尺度大气环流的影响[7]。并且热带气旋对沿海季风区极端降水事件的影响非常显著[8]。对于中国而言，长江以南地区台风降水量占夏季降水量的比重可达 10%以上，7 月和 8 月东南沿海地区的台风降水量最大可达 100 mm 以上，达到当月总降水量的 40%[9]。研究极端降水发生时间和季节性规律对于城市防洪预警、水库调度、农业防洪防涝等具有重要意义。基于此，本章主要研究以下三个核心问题：①年最大值（annual maximum，AM）和 POT 抽样下中国极端降水季节性时空分布特征；②中国极端降水季节性非一致性特征；③极端降水季节性变化的大气环流背景及其与热带气旋的联系。

3.1　研　究　数　据

降水数据详细信息见 1.1 节。从中国气象局热带气旋资料中心收集到了 1949 年以来西北太平洋（含南海，赤道以北，180°E 以西）海域热带气旋每 6 h 的位置和强度数据[10]。数据经过系统整编，较为可靠。

3.2　研　究　方　法

采用 AM 和 POT 两种抽样方式采集中国 728 个降水站点的年极端降水信息。AM 抽样采集了每年最大降水量对应的时间（一年中第几天发生）。POT 抽样则设置一个阈值，然后采集一年中每场极端降水达到最大量级对应的时间，将非零降水序列 95%分位数作为阈值。相比 AM 抽样，POT 抽样除考虑每年中最大的那场极端降水外，还考虑了较小量级的极端降水，因而数据样本更丰富（将 95%分位数作为阈值，获得的样本长度大概为 AM 抽样的 3~4 倍）。

3.2.1　圆形统计方法

极端降水发生时间的概率分布常常展示出多峰性质，且不适合沿着日历时间按照线性数据处理。圆形统计克服了上述缺陷，将随机变量用角度和圆的半径来表示[11]。极端降水发生日期（d_j）在圆形统计中被定义为

$$\theta_j = d_j \times \frac{2\pi}{365} \tag{3.1}$$

式中：θ_j 为第 j 场极端降水发生日期 d_j 的弧度值，$d_j \in [1, 365$ 或 $366]$，1 对应 1 月 1 日，365 或 366 对应 12 月 31 日。对于样本长度为 n 的极端降水发生序列，极端降水发生时间的平均日期（mean date，MD）的坐标为

$$\begin{cases} \bar{x} = \dfrac{\sum\limits_{j=1}^{n} \cos\theta_j}{n} \\[4mm] \bar{y} = \dfrac{\sum\limits_{j=1}^{n} \sin\theta_j}{n} \end{cases} \tag{3.2}$$

式中：$\bar{x}$ 和 $\bar{y}$ 分别为坐标值；n 为样本长度。基于式（3.2），极端降水发生时间的 MD 的弧度值 $\bar{\theta}$ 计算如下：

$$\bar{\theta} = \tan^{-1} \frac{\bar{y}}{\bar{x}} \tag{3.3}$$

样本长度为 n 的极端降水发生时间的平均合成长度（mean resultant length，MRL）为

$$\rho = \frac{\sqrt{\bar{x}^2 + \bar{y}^2}}{n} \tag{3.4}$$

式中：ρ 为无量纲变量，$\rho \in [0, 1]$。ρ 为 0 表示样本长度为 n 的极端降水的发生时间在 1～365 d（或 366 d）完全均匀分布，ρ 为 1 则表示样本长度为 n 的极端降水全部集中在同一天发生。

对于样本长度为 n 的极端降水发生时间序列，每一个数值对应圆形中的一个点，代表一个方向，用非参数圆形统计方法可以计算这些点的概率分布。其密度估计取决于所选的平滑核[如冯·米塞斯（Von Mises）分布]及平滑参数（带宽）。冯·米塞斯分布或者圆形正态分布是对称单峰分布，其概率密度函数为

$$f(\theta; \gamma, \kappa) = \frac{1}{2\pi l_0(\kappa)} e^{\kappa\cos(\theta-\gamma)} \quad (0 \leqslant \theta \leqslant 2\pi) \tag{3.5}$$

式中：θ 为极端降水发生的平均时间；$\kappa \geqslant 0$，为集中度参数；$l_0(\kappa)$ 为修正的贝塞尔（Bessel）函数；γ 为圆形统计的方向。冯·米塞斯分布关于方向 γ 和 $\gamma+2\pi\gamma$ 呈对称分布。圆形正态分布类型可以大致分为三种：均匀分布、反射对称分布和不对称分布。首先，采用瑞利（Rayleigh）、柯伊伯（Kuiper）V_n 和沃森（Watson）U^2 三种检测方法检测空假设圆形正态分布类型为均匀分布[11]。如果三种检测的卡方检验统计值的显著性 P 值均大于 0.05，

则空假设成立,无须进行接下来的检测;如果有一种检测的卡方检验统计值的显著性 P 值小于 0.05,则拒绝空假设,采用近似理论检测空假设圆形正态分布类型为反射对称分布。如果卡方检验统计值的显著性 P 值均大于 0.05,则空假设成立;反之,则认为圆形正态分布类型为不对称分布。

3.2.2 极端降水发生时间的趋势和变异

Villarini 等[12]将一致性定义为"时间序列中不存在趋势、突变或周期"。对于极端降水发生时间序列,采用修正 MK(可以移除时间序列的自相关性)[13]来评价 θ 的趋势特征。滑动秩和法则用来评价圆形数据 θ 的变异规律[14]。

采用滑动窗口法评价 $\bar{\theta}$ 和 ρ 的时间变化。对于圆形数据 θ,以 30 年为一个窗口,依次向前滑动,步长为 1,如 1951~1980 年滑动到 1984~2014 年。计算每一个窗口序列的 $\bar{\theta}$ 和 ρ,从而得到 $\bar{\theta}$ 和 ρ 的时间序列。采用修正 MK 评价 $\bar{\theta}$ 和 ρ 的时间趋势。

3.2.3 极端降水受热带气旋影响的识别

识别热带气旋对极端降水影响的关键是建立一场具体的热带气旋和极端降水在时间上的联系。当一场极端降水满足以下两个条件时,则认为此次极端降水过程受到热带气旋的影响[8]:①降水站点位置在热带气旋中心 500km 以内;②极端降水发生时间位于热带气旋发生时间前后 1d 范围之内。识别出热带气旋引起的极端降水,统计受热带气旋影响的极端降水占整个序列的比例。

3.3 极端降水季节性的时空特征

基于 AM 和 POT 抽样的中国极端降水 MD 与 MRL 的空间变化见图 3.1。MD 意味着极端降水最倾向于发生的时间/月份[图 3.1(a)、(b)],MRL 意味着极端降水季节性的程度[图 3.1(c)、(d)]。年最大极端降水[图 3.1(a)]与还考虑了较小量级的极端降水[图 3.1(b)]均展现了明显的空间区域特征。中国极端降水平均发生时间几乎集中在夏季(6~7 月)[图 3.1(a)、(b)]。中国东南部和南疆极端降水平均发生时间集中在 6 月,中部和北部则主要集中在 7 月[图 3.1(a)、(b)]。AM 抽样的辽宁沿海、中北部的极端降水平均发生时间集中在 8 月[图 3.1(a)],而 POT 抽样的西南边陲的极端降水平均发生时间也集中在 8 月[图 3.1(b)]。在季风的影响下,中国东南部极端降水多集中在 6 月。季风引发的水汽输送向北推进,并于 7 月达到最强,使中部和北部极端降水主要集中在 7 月。另外,西风带对东亚季风的水汽输送有重要的影响,在盛夏达到最大,7 月热带西风输送的水汽占三支水汽总输送的 80%左右[15],中国西部、青藏高原、西南部极端降水也多发生在 7 月。

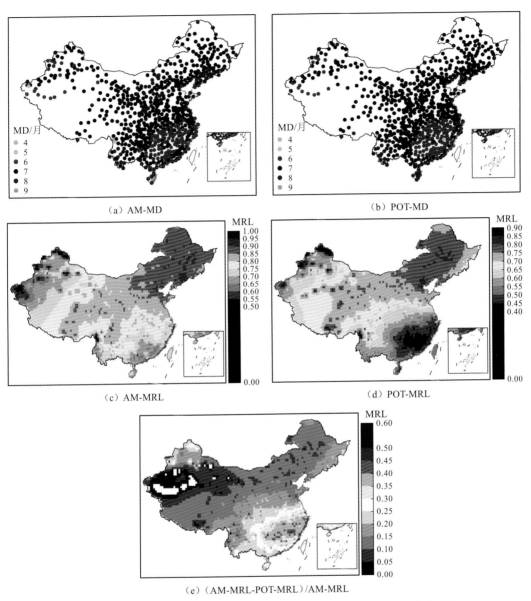

（a）AM-MD

（b）POT-MD

（c）AM-MRL

（d）POT-MRL

（e）（AM-MRL-POT-MRL）/AM-MRL

图 3.1   AM、POT 抽样方式下中国极端降水 MD 与 MRL 的空间分布和对比

中国东北部极端降水季节性最强，极端降水发生时间最集中，AM 和 POT 抽样的极端降水的 MRL 分别为 0.85 和 0.75 以上［图 3.1（c）、（d）］，且 AM 和 POT 抽样下的 MRL 差异最小［图 3.1（e）］。这意味着东北部无论是年最大极端降水还是小量级的极端降水，均集中发生在 7 月。东北部夏季降水主要受到东亚夏季风的影响，降水异常主要受到局地对流层高层的东亚高空西风急流北移及低层的西太平洋副热带高压西伸北进的影响[16]。中国东北部是主要的粮食生产基地，极端降水很强的季节性可能不利于农业防洪排涝。中国北部和中西部，极端降水季节性也较强，AM 和 POT 抽样的极端降水的 MRL 分别为 0.75 和 0.65 以上［图 3.1（c）、（d）］，且 AM 和 POT 抽样下的 MRL 差异

也较小[图 3.1（e）]。这说明北部和中西部极端降水主要分布在 7 月和 8 月，在其他月份可能也有少量的分布。北部和中北部极端降水受到印度夏季风、亚洲季风和西风带的水汽输送的共同影响[17-18]，相对东北部，影响机制复杂，同时也造成极端降水的分布相对分散。新疆中西部极端降水的 MRL 低于 0.6[图 3.1（c）、（d）]，AM 和 POT 抽样下的 MRL 差距几乎为 0[图 3.1（e）]。年最大降水和相对小量级的极端降水在年内分布上较为均匀，北疆极端降水平均发生时间多在 7 月，南疆则在 4 月。新疆由于地形复杂，多山脉和盆地（天山、昆仑山和阿尔泰山，准噶尔盆地和塔里木盆地），极端降水的机制比较复杂，多受地形的影响[19]，这也造成新疆极端降水在年内分布较为随机。东南部极端降水的 MRL 与新疆相似，在整个中国中最低[AM 抽样低于 0.6，POT 抽样低于 0.5，见图 3.1（c）、（d）]，极端降水年内分布较为均匀。与新疆不同的是，AM 和 POT 抽样的 MRL 的相差比例能够达到 30%以上[图 3.1（e）]，这意味着年最大极端降水和较小量级的极端降水的产生机制具有较大差异。热带气旋或者登陆台风是年最大极端降水的主要原因之一[9]，而多种季风环流对较小量级的极端降水具有更重要的影响[15]。东南部极端降水的发生时间具有较大的随机性，同时东南部又是中国长三角城市群所在地，这必然给城市防洪预警、农业防汛排涝等带来了较大难度。

在分析中国极端降水发生时间和季节性强度后，进一步检测了季节性的类型：均匀分布（极端降水以同等的概率发生在一年中的任何一天）、反射对称分布（极端降水发生时间关于平均发生时间呈对称分布）、不对称分布（极端降水发生时间没有明显的分布规律，不具有对称性质）（图 3.2、图 3.3）。AM 和 POT 抽样的极端降水季节分布类型均呈不均匀分布，说明极端降水发生时间具有季节性（图 3.2）。年最大极端降水季节分布类型主要为反射对称分布，极端降水季节特征具有明显的规律性，集中在 6 月或 7 月，然后向两边对称减少[图 3.2（a），图 3.3（a）、（c）]；不对称分布则分布较为零散，没有

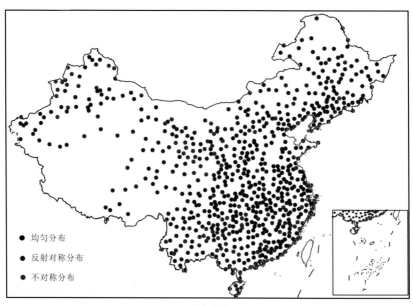

（a）AM

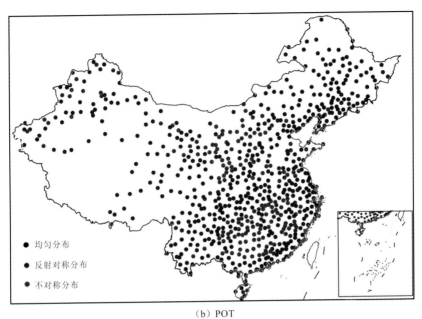

（b）POT

图 3.2　AM 和 POT 抽样下中国极端降水季节性的概率分布类型

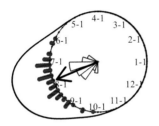

（a）AM-反射对称分布（站点50425）

（b）POT-反射对称分布（站点50425）

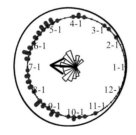

（c）AM-反射对称分布（站点51818）

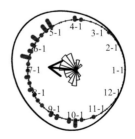

（d）POT-不对称分布（站点51818）

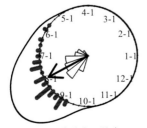

（e）AM-不对称分布（站点52754）

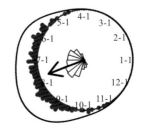

（f）POT-反射对称分布（站点52754）

（g）AM-不对称分布（站点 57752） （b）POT-不对称分布（站点 57752）

图 3.3 圆形统计分布对 AM 和 POT 抽样下中国极端降水季节性特征的检测示例

箭头指向表示极端降水平均发生时间，箭头长度表示极端降水季节性强度，蓝色的圆点表示每次极端降水，
黑色的曲线表示核估计的极端降水概率密度曲线

明显的区域特征[图 3.2（a）]。尽管 POT 抽样的年最大极端降水季节分布类型也主要为反射对称分布，但是在东南部和中北部这两个区域的不对称分布出现了明显的区域集聚特征[图 3.2（b）]。不对称分布所在的东南部的 MRL 较小，季节性强度较弱，距离海洋较近，有充足的水汽来源。东亚夏季风 5 月挟带大量水汽达到东南部，然后持续到 8 月，直到雨带南撤，冬季风开始南侵，夏季风开始退出中国大陆[20]。季风影响持续时间长，挟带水汽含量大，雨带不稳定，加上还持续受到热带气旋的影响，导致东南部极端降水季节性分布的规律性不明显。

图 3.3 选择了 4 个站点作为极端降水季节分布类型的示例，4 个站点的地理位置分别为中国西北部（站点编号 51818）、青藏高原（52754）、东北部（50425）和中部地区（57752）。位于东北部的站点 50425，由于极端降水集中强度非常大，AM 和 POT 抽样均为反射对称分布[图 3.3（a）、（b）]。位于西北部的站点 51818，地形变化大，极端降水机制复杂，从 AM 抽样到 POT 抽样，极端降水季节类型也由反射对称分布变为不对称分布[图 3.3（c）、（d）]。位于青藏高原的站点 52754，POT 抽样扩展了极端降水的样本长度后，季节分布类型由不对称分布变为反射对称分布，更有规律性[图 3.3（e）、（f）]。位于中部的站点 57752，由于常年水汽含量较为丰富，季风持续时间长，且受热带气旋的影响，AM 和 POT 抽样的极端降水季节分布类型均为不对称分布，无明显的规律性[图 3.3（h）、（i）]。

3.4 极端降水季节性的非一致性

关于极端降水量级、极端降水频率的非一致性的研究较多，而极端降水季节性的非一致性研究还较为缺乏。基于非一致性的定义，从极端降水季节性的时间趋势（图 3.4）和变异（图 3.5）开展非一致性研究。年最大极端降水发生时间没有显著的趋势变化，仅有少量的站点呈现出显著的趋势特征，但分布零散，没有明显的区域集聚特征[图 3.4（a）]。包含较小量级的极端降水发生时间在东南部呈现上升或者显著上升趋势，具有明显的区域集聚特征[图 3.4（b）]。东南部年最大极端降水的发生时间没有明显的向后推迟现象，而较小量级的极端降水发生时间延迟现象显著，这意味着较小量级的洪水的出现时间较往年延后，在水库调度、防洪预警等方面应引起注意。大部分站点年最大极端降水的 MD 呈现出显著的趋势特征，然而这些站点的空间分布没有很强的区域集聚性和空间差异性[图 3.4（c）]。包含较小量级的极端降水的 MD 具有显著趋势性的站点数量不如年

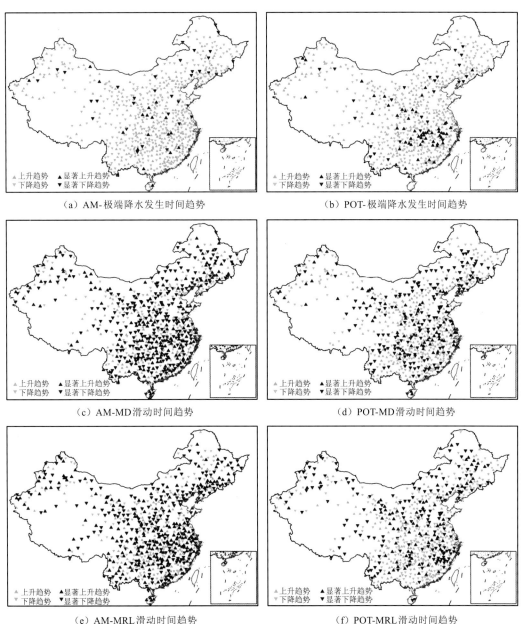

（a）AM- 极端降水发生时间趋势   （b）POT- 极端降水发生时间趋势

（c）AM-MD 滑动时间趋势   （d）POT-MD 滑动时间趋势

（e）AM-MRL 滑动时间趋势   （f）POT-MRL 滑动时间趋势

图 3.4 中国极端降水发生时间的趋势特征、MD 和 MRL 的趋势特征

趋势显著性水平为 0.05

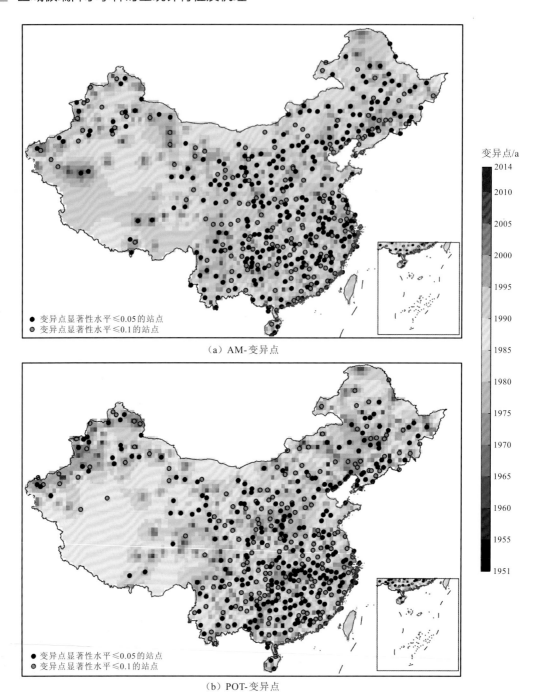

变异点/a

（a）AM-变异点

（b）POT-变异点

图 3.5　AM 和 POT 抽样下中国极端降水发生时间的变异点空间分布

最大极端降水多，但是站点的空间特征更为明显［图 3.4（d）］。总体来看，东北、华北、西南和华南四个区域极端降水的 MD 具有下降或者显著下降趋势，而东南区域则具有上升或者显著上升趋势［图 3.4（c）、（d）］。从极端降水季节性的 MRL 来看，华北区域最大极端降水季节性 MRL 呈显著下降趋势［图 3.4（e）］，东北、西部干旱区和青藏高原这三个区域的多数站点包含较小量级的极端降水，其季节性的 MRL 也呈显著下降趋势[图 3.4（f）]，这些区域的极端降水在年内的分布趋于均匀，不利于防汛预警。中东部和西南区域极端降水季节性的 MRL 变化则与上述区域相反[图 3.4（e）、（f）]。

年最大极端降水和包含较小量级极端降水发生时间的变异点大部分在 1985 年前后（图 3.5）。西南、东部沿海地区年最大极端降水发生时间的变异点在 1985 年之前，华北、东部干旱区等区域则在 1985 年之后（图 3.5）。包含较小量级极端降水发生时间的变异点在空间分布上与年最大极端降水发生时间具有较大的差异性。东北大部分区域、华北和东部沿海包含较小量级极端降水发生时间的转折点多在 1985 年前，其他区域则主要在 1985 年后，尤其是中部区域的变异点位于 1995 年后（图 3.5）。此外，281 个站点年最大极端降水发生时间的变异点的显著性水平达到了 0.05，除东北部出现了较为明显的空间聚集特征外，其他区域分布较为零散，还有 162 个站点的显著性水平达到了 0.1。对于包含较小量级的极端降水，有 265 个站点的变异点达到了 0.05 显著性水平，主要集中在东南部，还有 189 个站点的显著性水平达到了 0.1。极端降水发生时间出现显著的转折现象，可能的原因是近几十年的变暖。林学椿[20]研究了海平面气压、北太平洋海水表面温度及中国降水和温度等资料的气候跃变，指出年代际气候跃变大多发生在 20 世纪 70 年代末～80 年代初。简茂球[21]发现近 50 年内中国冬季近地面气温在 1987 年也经历了一次显著的增温。温度的改变时间点与极端降水发生时间的转折点较为吻合。温度升高改变空气团的热动力性质，引发水汽输送的变化，进而诱发极端降水过程的改变[22]，极端降水过程毫无疑问地包含极端降水发生时间。另外，分析中国气象局整编的这 728 个站点的台址迁移记录发现，92%的站点的台址都曾发生了改变，这对降水序列的非均质性也产生了一定的影响，从而也成为极端降水发生时间产生转折的因素。

以 1985 年为时间分割点，比较了 1985～2014 年和 1955～1984 年两个 30 年时期，极端降水发生时间的平均时间、季节性强度和季节分布的变化（图 3.6）。后 30 年与前 30 年相比，年最大极端降水发生时间的平均时间变化的空间分布较为零散，没有明显的空间格局，仅东南部多数站点展现出后 30 年极端降水发生时间的平均时间有延迟的现象[图 3.6（a）]。包含较小量级的极端降水发生时间的平均时间变化与年最大极端降水有着明显的不同，空间格局更清晰：东南和西南区域平均时间有所提前；东北区域多数站点的极端降水发生时间的平均时间有所推迟[图 3.6（b）]。年最大极端降水和包含较小量级的极端降水前后 30 年在平均时间上的变化几乎都没有达到 0.05 的显著性水平[图 3.6（a）、（b）]。尽管年最大极端降水发生时间的季节性强度的前后 30 年变化在空间分布上略显零散，但是东南方向部分区域和新疆西北部后 30 年季节性强度显著增强，意味着这些区域的大量级极端降水越来越集中在一个时期内发生，容易造成严重的洪涝灾害[图 3.6（c）]。进一步考虑小量级的极端降水，东南部后 30 年极端降水发生时间的季节性强度在减弱，部分站点甚至达到了 0.1 的显著性水平[图 3.6（d）]，可见引发大量级极端降水和小量级极端降水的物理成因机制有明显差别。尽管极端降水发生时间的平均时间和季节性强度前后30年在不同的区域有着不同的改变,但是季节分布并没有发生显著改变[图 3.6(e)、(f)]。

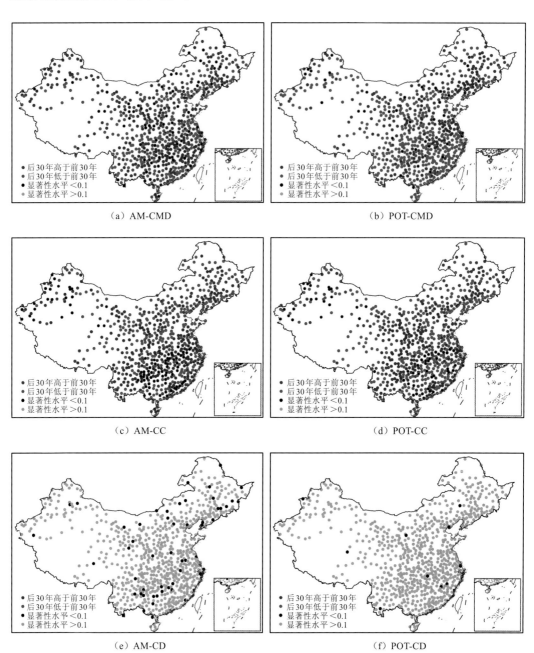

（a）AM-CMD　　　　　　　（b）POT-CMD

（c）AM-CC　　　　　　　（d）POT-CC

（e）AM-CD　　　　　　　（f）POT-CD

图 3.6　AM 和 POT 抽样下后 30 年相对于前 30 年中国极端降水发生时间的
平均时间、季节性强度和季节分布的变化

CMD 表示圆形分布平均时间，CC 表示圆形分布季节性强度，CD 表示圆形分布季节分布

3.5　极端降水的水汽通量背景及与热带气旋的联系

由于中国位于世界上最大的大陆（欧亚大陆）和世界上最大的大洋（太平洋）的交汇处，再加上复杂的地形地貌、局部天气气候系统的影响，极端降水的物理成因机制的研究成为一个难点，目前多从水汽输送的角度开展相关研究[23]。因此，本章采用 1955～2014 年美国国家环境预报中心和美国国家大气研究中心（National Centers for Environmental Prediction and National Center for Atmospheric Research，NCEP-NCAR）的逐月资料，分析了后 30 年相对前 30 年春季、夏季、秋季和冬季水汽通量的变化（图 3.7）。春季西风

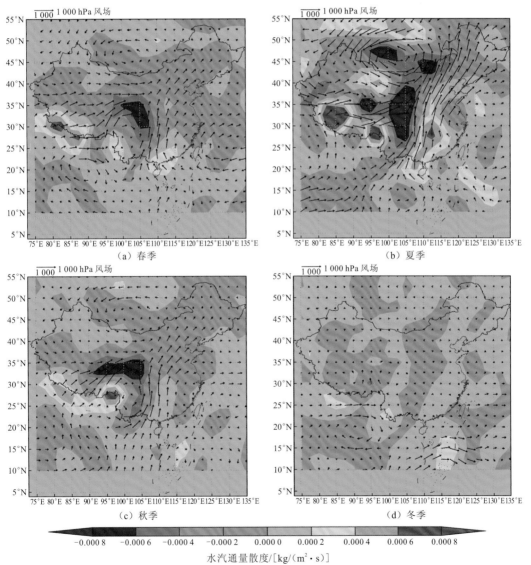

图 3.7　后 30 年相对于前 30 年各季节水汽通量的变化

颜色区域为正值和负值时分别表示水汽辐散和水汽辐合

带和东亚季风带来的水汽在中国西南部汇合，并形成较强的水汽辐合中心[图3.7（a）]，有利于春季极端降水的发生，导致后30年西南地区极端降水发生时间的平均时间提前[图3.6（b）]。夏季印度季风和西风带在中国中西部汇合，水汽辐合强度更大，范围更广，有利于夏季极端降水的发生[图3.7（b）]，使得中西部后30年年最大极端降水发生时间的季节性强度更大[图3.6（c）、（d）]。夏季东南部水汽由南海输入，向北推进，形成了一个水汽辐散中心[图3.7（b）]，不利于夏季极端降水的发生，使得后30年东南部极端降水发生时间的季节性强度变弱[图3.6（d）]。秋季西风带挟带的水汽在青藏高原区形成了较强的水汽辐合中心[图3.7（c）]，并且在春季和夏季也都出现了水汽辐合现象[图3.7（a）、（b）]，均有利于这三个季节降水的发生，导致青藏高原极端降水发生时间的季节性强度减弱[图3.6（d）]。后30年相对于前30年，冬季水汽输送及水汽通量散度变化较小，没有明显的异常，出现强水汽辐合或者辐散中心[图3.7（d）]，因此对年最大极端降水或者包含较小量级极端降水的发生时间、集中强度影响较小。

对于中国东部沿海区域，热带气旋也是极端降水发生的不可忽视的重要因素。热带气旋一方面可以在短时间内形成大量降水，另一方面热带气旋本身所挟带的大量水汽和扰动能量与中纬度环流产生相互作用[9]，影响极端降水的发生。因此，通过分析受热带气旋影响的极端降水的频率（热带气旋引发的极端降水次数占总次数的比例），研究热带气旋对极端降水的发生状况的影响（图3.8）。极端降水受到热带气旋影响的站点基本上都分布在中国东部季风区（图3.8）。东北、华北和西南区域受到台风影响的极端降水次数占总极端降水次数的比例低于10%。东南沿海区域30%以上的极端降水受到热带气旋的影响，对于年最大极端降水，这一比例甚至达到50%以上。随着往内陆推进，这一比例逐渐降到10%~30%。比较年最大极端降水和包含较小量级的极端降水，发现热带气

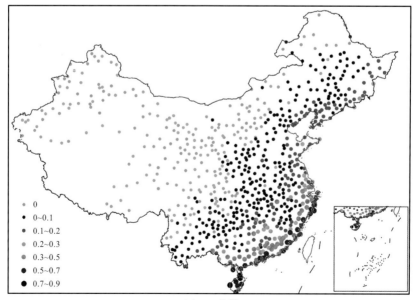

（a）AM抽样

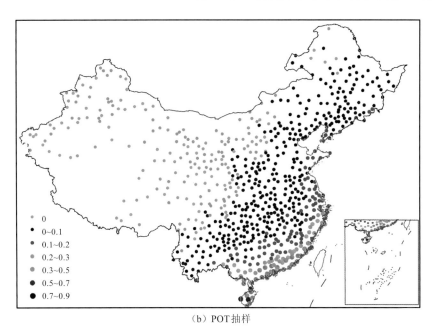

（b）POT 抽样

图 3.8　AM 和 POT 抽样下热带气旋引发的极端降水次数占总次数的比例

旋对于年最大极端降水的影响比例要明显高于包含较小量级的极端降水，说明热带气旋往往诱发大量级的极端降水。对于中国东部季风区极端降水发生时间和季节性强度变化，热带气旋的发生时间和集中强度也是重要的驱动因素。

3.6　本章小结

通过对中国 728 个站点 1951～2014 年极端降水发生时间及季节性的分析，探讨了极端降水背后的物理成因机制及其受热带气旋的影响，得到以下有意义的结论。

（1）中国东南部极端降水发生时间的平均时间集中在 6 月，其他大部分区域集中在 7 月。从东北到西南，极端降水发生时间的季节性强度较大，发生时间在年内较为集中；新疆和东南区域极端降水发生时间的季节性强度则较小，发生时间在年内分布较为均匀。年最大极端降水和包含较小量级的极端降水发生时间的季节性强度在东南部差异最大，在这一区域较小量级的极端降水的产生机制与最大量级的极端降水有着明显的不同。东亚季风、印度季风和西风带的水汽输送变化是形成中国极端降水发生时间、极端降水发生时间的季节性强度时空格局的主要因素。

（2）中国极端降水发生时间及其季节性在大范围内已经出现了明显的非一致性现象。东南部极端降水发生时间显著地向后推迟，东部偏北区域年最大极端降水发生时间的季节性强度显著升高，年内发生时间更为集中，东部偏南区域则相反。超过一半的站点的极端降水发生时间出现了显著的转折（显著性水平小于 0.1）。温度的转折时间点与极端降水的转折时间点较为吻合（均在 1985 年前后），温度是极端降水季节性变化的因素之一。极端降水发生时间的非一致性对水库调度、防洪预警等提出了更高的要求。

（3）以 1985 年为分割点，对前后两个 30 年进行对比，发现极端降水发生时间的平均时间和季节性强度均发生了改变。后 30 年相比前 30 年，尽管极端降水发生时间的平均时间变化不显著，但是在东南部和西北相当大部分的站点的季节性强度的变化达到了 0.1 的显著性水平。前后 30 年各季节水汽通量变化显示，印度季风、西风带和东亚季风挟带的水汽含量变化及形成的水汽辐散、辐合中心将影响极端降水的发生与年内分布。另外，对于中国东部季风区，随着与沿海距离的接近，受热带气旋影响的极端降水的发生频率也由 10%提高到 50%以上。

参 考 文 献

[1] MILLY P C D, BETANCOURT J, FALKENMARK M, et al.Stationarity is dead: Whither water management [J].Science, 2008, 319: 573-574.

[2] 顾西辉, 张强.考虑水文趋势影响的珠江流域非一致性洪水风险分析[J].地理研究, 2014, 33(9): 1680-1693.

[3] 冯平, 李新.基于 Copula 函数的非一致性洪水峰量联合分析[J].水利学报, 2013, 44(10): 1137-1147.

[4] 胡彩霞, 谢平, 许斌, 等.基于基尼系数的水文年内分配均匀度变异分析方法: 以东江流域龙川站径流序列为例[J].水力发电学报, 2012, 31(6): 7-13.

[5] 顾西辉, 张强, 陈晓宏.中国降水及流域径流均匀度时空特征及影响因子研究[J].自然资源学报, 2015, 30(10): 1714-1723.

[6] 郭群, 胡中民, 李轩然, 等.降水时间对内蒙古温带草原地上净初级生产力的影响[J].生态学报, 2013, 33(15): 4808-4817.

[7] PAL I, ANDERSON B T, SALVUCCI G D, et al.Shifting seasonality and increasing frequency of precipitation in wet and dry seasons across the U.S.[J].Geophysical research letters, 2013, 40: 4030-4035.

[8] KNIGHT D B, DAVIS R E.Contribution of tropical cyclones to extreme rainfall events in the southeastern United States[J].Journal of geophysical research, 2009, 114: 1-17.

[9] 申茜, 张世轩, 赵俊虎, 等.近海台风对中国东部夏季降水的贡献[J].物理学报, 2013, 62(8): 1-10.

[10] YING M, ZHANG W, YU H, et al.An overview of the China Meteorological Administration tropical cyclone database[J].Journal of atmospheric and oceanic technology, 2014, 31(2): 287-301.

[11] PEWSEY A, NEUHÄUSER M, RUXTON D.Circular statistics in R[M].London: Oxford University Press, 2013.

[12] VILLARINI G, SERINALDI F, SMITH J A, et al.On the stationarity of annual flood peaks in the continental United States during the 20th century[J].Water resources research, 2009, 45(8): 1-17.

[13] 顾西辉, 张强, 孙鹏, 等.新疆塔河流域洪水量级、频率及峰现时间变化特征、成因及影响[J]. 地理学报, 2015, 70(9): 1390-1401.

[14] 顾西辉, 张强, 刘剑宇, 等.变化环境下珠江流域洪水频率变化特征、成因及影响(1951～2010 年)[J].

湖泊科学, 2014, 26(5): 661-670.

[15] 周晓霞, 丁一汇, 王盘兴.夏季亚洲季风区的水汽输送及其对中国降水的影响[J].气象学报, 2008, 66(1): 59-70.

[16] 沈柏竹, 林中达, 陆日宇, 等.影响东北初夏和盛夏降水年际变化的环流特征分析[J].中国科学, 2011, 41(3): 402-412.

[17] 周晓霞, 丁一汇, 王盘兴.影响华北汛期降水的水汽输送过程[J].大气科学, 2008, 32(2): 345-357.

[18] 刘芸芸, 丁一汇.印度夏季风与中国华北降水的遥相关分析及数值模拟[J].气象学报, 2008, 66(5): 789-799.

[19] 张强, 李剑锋, 陈晓宏, 等.基于 Copula 函数的新疆极端降水概率时空变化特征[J].地理学报, 2011, 66(1): 3-12.

[20] 林学椿.70 年代末、80 年代初气候跃变及其影响[M].北京: 气象出版社, 1998.

[21] 简茂球.中国冬季气温变异的年代际变化[C] // 中国气象学会.第八次全国动力气象学术会议摘要.北京: 中国气象学会, 2013: 11.

[22] ZHANG Q, LI F, SINGH V P, et al.Spatio-temporal relations between temperature and precipitation regimes: Implications for temperature-induced changes in the hydrological cycle[J].Global and planetary change, 2013, 111: 57-76.

[23] 高涛, 谢立安.近 50 年来中国极端降水趋势与物理成因研究综述[J].地球科学进展, 2014, 29(5): 577-589.

第 4 章

年和季节极端降水极值
分布函数上尾部性质

极端气象水文事件往往给人类社会及经济发展带来巨大影响。正因为如此，气象水文极值的研究已引起人们的广泛关注。近几十年来，气候模式模拟结果表明全球水文循环有加剧趋势[1]。尤其在全球变暖影响下，中国 21 世纪极端降水过程将发生显著变异[2-3]。中国极端降水事件已呈现增加趋势[4]，并对农业产生重大影响[5]。中国是农业大国，农业生产的重要性不言而喻，因此，极端气象水文事件时空特征及成因已成为当前研究的热点[6-8]。

对于中国极端降水时空特征的研究已有较多[6-8]，然而对于中国极端降水极值分布函数特征及尾部性质的研究却鲜有报道。极端降水频率分析的主要目的之一是计算设计标准和重现期。它应该尽可能准确，从而为水利工程、供水设施、防洪排涝和水资源管理提供可靠的依据。一般通过估计极值分布函数[如广义极值（general extremum value，GEV）分布、皮尔逊（Pearson）-III 型等]的参数（位置参数、尺度参数和形状参数）来计算设计标准和重现期。近年来，大量研究表明气象水文序列的非一致性对极值分布函数的参数估计具有显著影响[9-10]。Salas[11]定义一致性为，气象水文序列无显著时间趋势、无变异、无周期。极端降水极值分布函数的上尾部特征对设计标准和重现期的估计，尤其是对罕见稀有事件（如 100 年一遇、1 000 年一遇等）具有显著的影响。GEV 分布提供了一个有利的框架用来分析极端降水的上尾部性质（薄尾、厚尾、有无上边界等）[12-13]。GEV 分布的位置、尺度和形状参数决定了曲线的形状。

东部和南部沿海区域是中国社会、经济最发达的区域，聚集着中国特大城市群，同时也饱受热带气旋引发的灾害的影响。研究表明长江以南地区热带气旋降水量占夏季降水量的比重可达到 10 % 以上，7、8 月东南沿海地区的热带气旋降水量最大可达到 100 mm以上，为当月总降水量的 40%[14]。研究热带气旋对中国沿海区域极端降水极值分布函数上尾部特征的影响，有助于科学制定更可靠的城市防洪排涝、水利设施等的设计标准。综上所述，本章拟在以上研究基础上重点关注以下三个科学问题：①中国年和季节极端降水一致性检测（是否具有变异或显著时间趋势）；②中国年和季节极端降水分布函数上尾部特征；③中国沿海地区年极端降水极值分布函数上尾部性质受热带气旋的影响。

4.1 研究数据

降水数据详细信息见 1.1 节。从每年年、春季（3~5 月）、夏季（6~8 月）、秋季（9~11 月）和冬季（12 月~次年 2 月）日降水数据中选择最大一日降水量，分别组成年和季节极端降水序列。

4.2 研究方法

GEV 分布函数被广泛运用于气象水文学极值分析中[15-16]。GEV 分布的累积概率分

布函数（cumulative probability distribution function）为

$$F_i(x|\mu_i,\sigma_i,\xi_i)=\exp\left\{-\left[1+\xi_i\left(\frac{x-\mu_i}{\sigma_i}\right)\right]^{-1/\xi_i}\right\} \tag{4.1}$$

式中：μ_i 为位置参数，取值范围为 $[-\infty,+\infty]$；σ_i 为尺度参数，取值范围为 $[0,+\infty]$；ξ_i 为形状参数，取值范围为 $[-\infty,+\infty]$。$\xi>0$，GEV 分布没有上边界；$\xi<0$，GEV 分布具有上边界 $\mu-\sigma/\xi$。ξ 趋于 0，GEV 分布变成耿贝尔（Gumbel）分布，并具有无上边界的瘦尾特征。采用最大似然估计来估计 GEV 分布函数的参数，用 KSD 进行拟合优度检验，并将形状参数 ξ 作为指标评价极端降水的上尾部特征。

4.3 降水极值一致性分析

在分析极端降水极值分布函数特征前，需要检查年和季节极端降水序列是否满足一致性假设。因此，本书采用分段回归分析了极端降水序列是否有变异点（图 4.1），采用修正 MK 分析了极端降水序列是否具有显著时间趋势（图 4.2）。从图 4.1 可以看出，年和季节极端降水出现变异点的站点较少。年、春季、夏季、秋季和冬季极端降水具有变异点的站点数分别为 19、8、16、14 和 29。除冬季极端降水发生变异的站点倾向于在中国东北部外，年和其他季节极端降水发生变异的站点的空间分布没有明显的空间集聚特征。年和季节大部分站点的变异点位于 1990 年以前，这可能与 20 世纪 80 年代观测标准发生变化有关，也可能与站点位置迁移、台站周围环境发生了很大变化有关。据统计，中华人民共和国成立后全国有 81% 的地面基准站，在其确定为基准站之前曾迁移过站址；有 70% 的地面基准站有过一次以上的迁移记录[17]。有的台站虽然没有迁移，但随着社会和经济的发展，20 世纪 70 年代以前还是在郊区或旷野，而现在却在市区或集镇[18]。站点位置、周围环境的变化影响了降水观测数据的一致性。然而，变异点的存在表明，极端降水在变异前后时间趋势发生了显著转折点，这可能也预示着极端降水发生机制产生了改变[19]。

变异点对水文序列的时间趋势方向和程度具有显著的影响[17]。同时，年和季节极端降水序列具有变异点的站点数较少，因此采用修正 MK 来检测无变异点站点的时间趋势（图 4.2）。从图 4.2 可以看出，尽管年和各季节极端降水时间趋势的空间格局不同，但是大部分站点呈上升或显著上升趋势。年和夏季在海河流域、春季在西南部和东部沿海区域、秋季在东北部和东部沿海区域、冬季在中部，极端降水呈下降或显著下降趋势。年和夏季极端降水呈显著上升趋势的站点没有很强的空间一致性，但是春季、秋季和冬季极端降水呈显著上升趋势的站点分别明显集中在青藏高原区域和海河流域（春季），新疆西部及东北部（秋季），中北部、东部沿海区域和新疆北部（冬季），可能使洪水风险增加。年、春季、夏季、秋季和冬季具有显著上升趋势的站点数分别为 48、82、51、38

和 111，具有显著下降趋势的站点数分别为 24、18、26、23 和 5。冬季极端降水呈显著上升趋势的站点数量明显高于其他季节。除了冬季，其他季节具有显著趋势变化的站点数量占总站点 728 个的比例均不到 10%。因此，分析年和季节极端降水具有变异点和显著趋势的站点数量发现，气候变化使中国极端降水发生改变并不是一个确定性的事实。

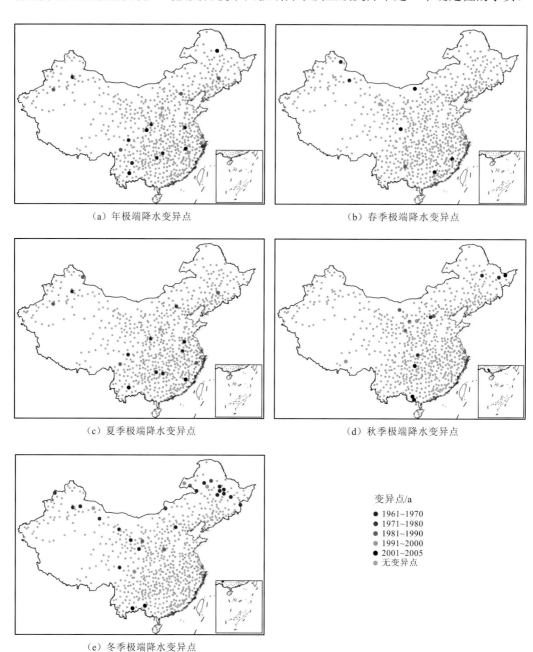

（a）年极端降水变异点　　　　　　　　（b）春季极端降水变异点

（c）夏季极端降水变异点　　　　　　　　（d）秋季极端降水变异点

（e）冬季极端降水变异点

变异点/a
- 1961~1970
- 1971~1980
- 1981~1990
- 1991~2000
- 2001~2005
- 无变异点

图 4.1　中国年和季节极端降水达到 0.05 显著性水平的变异点空间分布

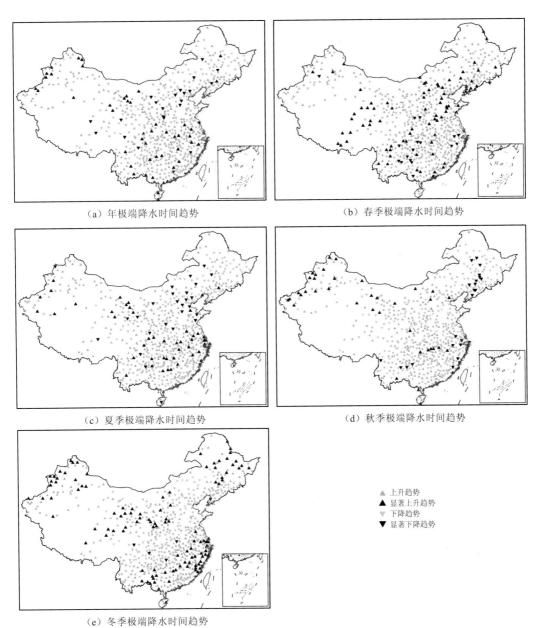

（a）年极端降水时间趋势　　　　　　　　（b）春季极端降水时间趋势

（c）夏季极端降水时间趋势　　　　　　　　（d）秋季极端降水时间趋势

▲ 上升趋势
▲ 显著上升趋势
▽ 下降趋势
▼ 显著下降趋势

（e）冬季极端降水时间趋势

图 4.2　中国年和季节极端降水不具有变异点站点的时间趋势

4.4　极端降水极值分布函数上尾部性质

年和季节极端降水的形状参数决定了 GEV 分布函数曲线的上尾部性质，对于估计罕见极端降水设计值具有重要的影响。在分析 GEV 分布函数形状参数空间分布时，仅考虑具有一致性（无突变点和显著时间趋势）特征且通过 KSD 拟合优度检验的站点（图 4.3）。全国大部分地区年和各季节极端降水形状参数大于 0，表明极端降水极值分布曲线的上尾部没有上边界。年和夏季极端降水形状参数的空间分布较为一致，多位于 0.0～0.2，年极端降水形状参数大于 0.2 的站点共有 125 个，大于 0.33 的站点共有 23 个。春季和秋季极端降水的形状参数相比年和夏季更大，且中国北方的春季和秋季极端降水形状参数大于南方，大于 0.2 的站点分别有 170 个和 196 个，大于 0.33 的站点分别有 48 个和 83 个。冬季极端降水形状参数大于 0 的区域是年和各季节中最大的，主要集

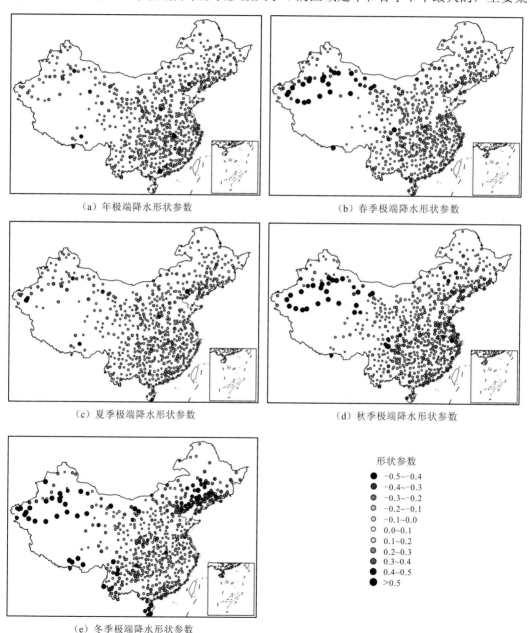

（a）年极端降水形状参数

（b）春季极端降水形状参数

（c）夏季极端降水形状参数

（d）秋季极端降水形状参数

（e）冬季极端降水形状参数

图 4.3　中国各季节具有一致性特征站点的极端降水 GEV 分布形状参数的空间分布

中在中国东北部和西部，大于 0.2 的站点有 267 个，大于 0.33 的站点有 122 个；然而华中区东部和华南区东部冬季极端降水形状参数小于 0，表明上述区域极值分布函数的上尾部具有上边界 $\mu - \sigma / \xi$。形状参数具有较高的值，如大于 0.2，表明极值分布函数曲线的上尾部特征具有明显的厚尾性质，形状参数大于 0.33 意味着极值分布函数的三阶矩或更高阶矩是无限的。

　　基于形状参数的空间分布（图 4.3），需要进一步查明年极端降水极值分布曲线上尾部呈现的厚尾特征（形状参数大于 0）能否用混合分布来解释（图 4.4）。各季节极端降水用来近似代表不同的降水产生机制。由于中国地域广阔，极端降水在各个地区的产生机制复杂多样，将中国划分为八个分区。图 4.4 给出了各个分区一致性站点年和季节极端降水形状参数的累积概率分布曲线。从图 4.4 可以看出，各个分区累积概率分布曲线为 0.5 时对应的年和各季节极端降水形状参数均大于 0，表示超过一半的站点的极值分布函数的上尾部具有厚尾性质，尤其是各分区（除华中区）冬季极端降水明显比年和其他季节极端降水的厚尾性质显著。从各分区来看，年和夏季极端降水形状参数累积概率分布曲线均保持较高的相似性，表明夏季极端降水机制是年极端降水极值分布函数的上尾部厚尾特征的重要来源；东部干旱区、华北区和华南区的年和各季节极端降水形状参数累积概率分布曲线的差异较小[图 4.4（c）、（f）、（h）]，表明不同季节极端降水产生机制的混合可能是解释年极端降水极值分布函数上尾部的厚尾性质及无边界特征的潜在方式；青藏高原区、西南区和东北区的年和春季、夏季及秋季极端降水形状参数累积概率分布曲线差异较小，冬季极端降水形状参数累积概率曲线明显高于年和其他季节[图 4.4（b）、（d）、（e）]，表明年极端降水极值分布函数性质主要受到春季、夏季和秋季的混合影响。西部干旱区年和夏季极端降水形状参数累积概率分布曲线极为相似，且明显低于其他各季节，表明西部干旱区年极端降水极值分布函数的上尾部厚尾特征主要受夏季极端降水产生机制的影响，几乎不受其他季节的干扰。华中区冬季极端降水形状参数明显低于年和其他季节，且年和其他季节极端降水形状参数累积概率分布曲线均保持较高的相似性，因此华中区年极端降水极值分布曲线上尾部厚尾性质和无边界特征主要来源于四季极端降水机制的混合，相较其他各区，冬季极端降水机制是非常重要的补充来源。

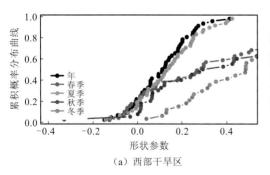

（a）西部干旱区

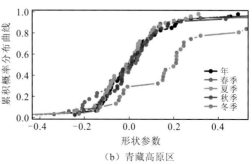

（b）青藏高原区

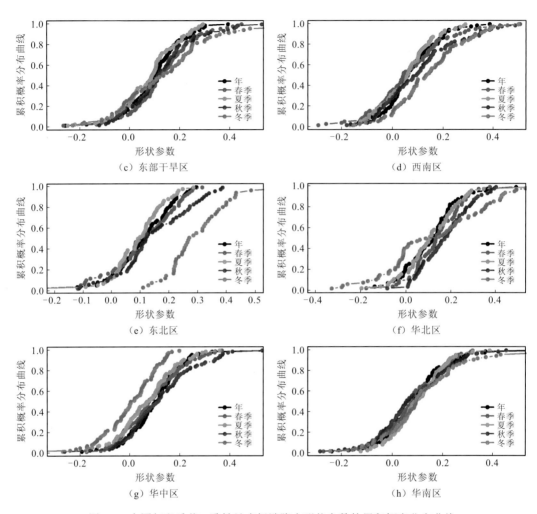

图 4.4　中国年和季节一致性站点极端降水形状参数的累积概率分布曲线

4.5　热带气旋对沿海地区极值分布上尾部的影响

　　中国年极端降水产生机制比较复杂，主要集中在春、夏两季，其中中国沿海区域还受到热带气旋的重要影响。因此，将年极端降水根据不同的形成机制划分为三类：发生于春季（3～5月）、发生于暖季（6～9月）和由热带气旋引发。春季和暖季发生的极端降水不包含由热带气旋引发的极端降水。从图 4.5 可以看出，中国东南部和新疆西部及南部年极端降水发生在春季的比例较高，大部分站点的比例在30%以上[图4.5（a）]。春季温带系统与东南部极端降水的发生有密切的关系，有些强烈的对流天气系统常常诱发暴雨和恶劣气候。年极端降水发生在夏季的比例由东南向西北和东北两个方向均在逐步增加。中国东北、中部和西南年极端降水发生在暖季的比例达到了80%以上，几乎集中了所有最大量级的极端降水[图 4.5（b）]。这些区域的极端降水大多由夏季剧烈对流天气或雷暴系统引发，并且具有很大的量级，如北京"7·21 暴雨"事件。东部和南部沿海区域发生在暖季的相当一部分比例的年极端降水与热带气旋有关。热带气旋引发的年极端降水比例具有明显的空间异质性。东南沿海区域，超过 30%的年极端降水由热带气旋引发；在东部沿海区域，这一比例降低到 10%～30%。在往内陆深入时，这一比例降低到不足 10%，其原因在于热带气旋也逐步向温带系统转换，减小其对降水产生的影响。

热带气旋与年极端降水的联系必然对极值分布函数的尾部特征有重要的影响。选择年极端降水受热带气旋影响比例在 10%以上且满足一致性的站点，分别计算整体序列和去除受到热带气旋影响的序列的 GEV 分布的形状参数（图 4.6）。从图 4.6 可以看出，去

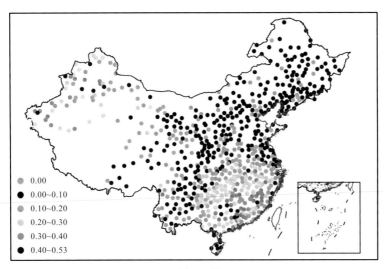

（a）3~5 月

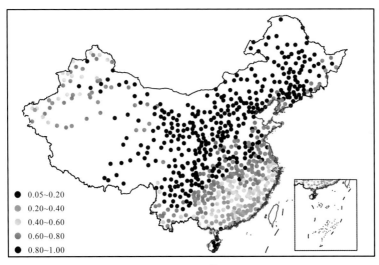

（b）6~9 月

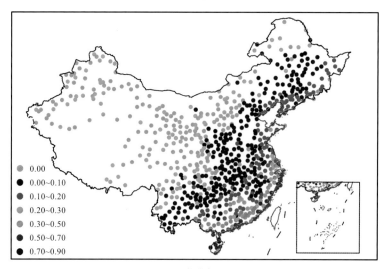

（c）热带气旋

图 4.5　中国发生于 3～5 月、发生于 6～9 月和由热带气旋引发的年极端降水的比例

除热带气旋影响后，年极端降水极值分布函数的形状参数明显减小，极值分布曲线由厚尾趋向于薄尾。进一步，分析对极值分布函数尾部特征有重要影响的年最大 10 场极端降水由热带气旋引发的比例（图 4.7）。东南沿海地区年最大 10 场极端降水由热带气旋引发的比例达到 60% 以上。东部沿海区域也有至少 30% 的年最大 10 场极端降水与热带气旋有关。从沿海到内陆，年最大 10 场极端降水由热带气旋引发的比例逐步下降，这与图 4.5 热带气旋引发的极端降水比例是吻合的。热带气旋引发的极端降水一般具有很大的量级，在整体序列中排序靠前，往往决定了极值分布函数的尾部特性。东南沿海区域一般是中国特大城市群集聚区域，社会经济最为发达，同时也承受着热带气旋引发的严重灾害的影响。因此，在城市防洪排涝设计时，热带气旋的影响是一个不可忽视的因素。

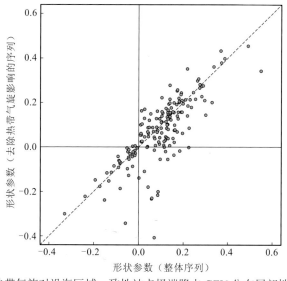

图 4.6　热带气旋对沿海区域一致性站点极端降水 GEV 分布尾部性质的影响

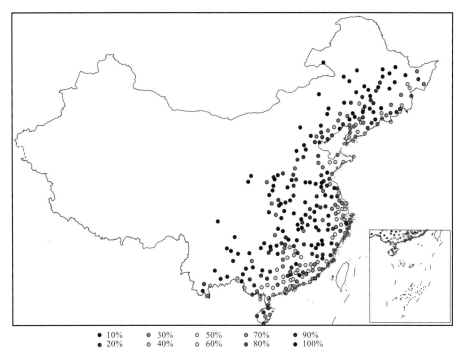

图 4.7　沿海区域一致性站点年最大 10 场极端降水由热带气旋引发的比例

4.6　本　章　小　结

基于全国 728 个气象站点 1951～2014 年日降水和热带气旋资料,分析了年和季节极端降水极值分布函数的时空特征, 得出以下有意义的结论。

(1) 分段回归被用来检测年和季节极端降水序列的变异特征。年和季节极端降水存在变异点的站点均较少, 且没有很强的空间集聚特征。变异点出现的原因有可能是站点观测标准不统一、位置迁移或者周围环境变化。同时, 变异前后趋势方向的显著差异, 也可能预示变异前后极端降水产生机制有了较大改变。

(2) 修正 MK 被用来检测无变异点站点的年和季节极端降水时间趋势的特征。各季节极端降水时间趋势的空间格局有较大差异, 但是具有显著时间趋势的站点均没有展现出很强的空间一致性和集聚性。虽然冬季极端降水达到显著时间趋势的站点明显高于其他季节, 但是年和其他季节极端降水具有变异点或显著时间趋势的站点总数占总站点的比例不足 10%。因此, 气候变化使中国极端降水发生改变并不是一个确定性的事实。

(3) 通过估计具有一致性站点的年和季节极端降水 GEV 分布函数的参数, 分析极值分布曲线的上尾部特征。中国大部分区域年和季节极端降水极值分布曲线的上尾部均倾向于表现出厚尾特征且不具有上边界, 总体来看北方的厚尾特征重于南方, 秋季和冬季明显高于年和夏季。夏季极端降水是年极端降水厚尾特征的重要来源, 除西部干旱区外, 其他分区年极端降水的厚尾特征还受其他季节极端降水机制的混合影响,尤其表现在华南区。

（4）中国东南方年极端降水多发生在3～5月，而北方几乎全集中在6～9月。热带气旋对中国沿海区域年极端降水有着重要的影响，其影响比例由沿海到内陆逐步递减，且具有较大的空间异质性。热带气旋引发的极端降水往往量级很大，东南沿海地区年最大10场极端降水由热带气旋引发的比例达到60%以上。去掉热带气旋引发的极端降水，年极端降水GEV分布的形状参数趋向于减小。

参 考 文 献

[1] ALLEN M, INGRAM W J. Constraints on future changes in climate and the hydrologic cycle[J]. Nature, 2002, 419(6903): 224-232.

[2] LI J, ZHANG Q, CHEN Y D, et al. Changing spatiotemporal patterns of extreme precipitation regimes in China during 2071～2100 based on earth system models[J]. Journal of geophysical research, 2013, 118(19): 12537-12555.

[3] LI J, ZHANG Q, CHEN Y D, et al. GCMs-based spatiotemporal evolution of climate extremes during the 21st century in China[J]. Journal of geophysical research, 2013, 118(19): 11017-11035.

[4] GU X, ZHANG Q, KONG D. Spatiotemporal patterns of extreme precipitation with their responses to summer temperature[J]. Acta geographica sinica, 2016, 71(5): 718-730.

[5] ZHANG Q, SUN P, SINGH V P, et al. Spatial-temporal precipitation changes(1956～2000)and their implications for agriculture in China[J]. Global and planetary change, 2012, 82-83: 86-95.

[6] ZHANG Q, LI J F, CHEN X H, et al. Spatial variability of probability distribution of extreme precipitation in Xinjiang[J]. Acta geographica sinica, 2011, 66(1): 3-12.

[7] SHE D X, XIA J, ZHANG Y Y, et al. The trend analysis and statistical distribution of extreme rainfall events in the Huaihe River Basin in the past 50 years[J]. Acta geographica sinica, 2011, 66(9): 1200-1210.

[8] REN Z G, ZHANG M J, WANG S J, et al. Changes in precipitation extremes in south China during 1961～2011[J]. Acta geographica sinica, 2014, 69(5): 640-649.

[9] GU X H, ZHANG Q. Non-stationary flood risk analysis in Pearl River Basin, considering the impact of hydrological trends[J]. Geographical research, 2014, 33(9): 1680-1693.

[10] GU X H, ZHANG Q, CHEN X H, et al. Nonstationary flood frequency analysis considering the combined effects of climate change and human activities in the East River Basin[J]. Tropical geography, 2014, 34(6): 746-757.

[11] SALAS J D. Analysis and modeling of hydrologic time series(Chapter 19)[C]//MAIDMENT D J. Handbook of hydrology. New York: McGraw-Hill, 1993: 848-906.

[12] COLES S. An introduction to statistical modeling of extreme values[M]. London: Springer, 2001.

[13] YE C Q, CHEN X H, SHAO Q X, et al. A comparison study on distribution for flood frequency analysis focus on the observed flow data in the high flow part[J]. Journal of hydraulic engineering, 2013, 44(6):

694-702.

[14] SHEN Q, ZHANG S X, ZHAO J H, et al. Contribution of typhoon over coastal waters to summer rainfall in eastern China[J]. Acta physica sinica, 2013, 62(18): 116-121.

[15] GU X, ZHANG Q, LIU J, et al. Characteristics, causes and impacts of the changes of the flood frequency in the Pearl River drainage basin from 1951 to 2010[J]. Journal of lake sciences, 2014, 26(5): 661-670.

[16] GU X, ZHANG Q, CHEN Y Q. GEVcdn-based analysis of inconsistent flood frequency of Pearl River Basin[J]. Journal of natural disasters, 2015, 24(4): 157-166.

[17] WU Z X. Preliminary analysis of the information on meteorological station historical evolution and its impacts on homogeneity of observational records[J]. Journal of applied meteorological science, 2005, 16(4): 461-467.

[18] VILLARINI G, SMITH J A, VECCHI G A, et al. Changing frequency of heavy rainfall over the central United States[J]. Journal of climate, 2013, 26(1): 351-357.

[19] GU X H, ZHANG Q, WANG Z Z. Evaluation on stationarity assumption of annual maximum peak flows during 1951～2010 in the Pearl River Basin[J]. Journal of natural resources, 2015, 30(5): 824-835.

第 5 章

极端降水受城市化和气候变化
影响的相对贡献分析

工业革命以来，全球经历了快速的城市化进程，已有超过一半的世界人口居住在城市[1]。根据联合国 2006 年数据，目前城市人口仍在增加，预计到 2030 年城市人口将达到 50 亿人，即全球 60%的人口将成为城市人口。在过去的几十年里，发展中国家的城市扩张速度远高于发达国家，尤其是世界上人口最多的国家——中国。根据国家统计局 2016 年数据，伴随着奇迹般的经济发展，中国处于快速的城市化进程中，目前有超过一半的人口居住在城市地区。随着城市人口的增加，城市天气和气候越来越受到人们的广泛重视[2-4]。

城市化进程改变了陆地表面的自然属性，以及城市地区边界层物理和动力结构，从而改变了两者之间能量和水分的变迁。这一过程也导致了城市地区相对于乡村地区的气候差异，造成区域温度或降水的变化，其典型的现象有城市热岛（urban heat island, UHI）效应和对流降水的加剧[5-8]。在受城市化影响的气候变量中，降水作为关键变量，对山洪、洪涝、滑坡、泥石流等灾害具有巨大的影响。

在过去几十年里，许多基于实地观测和数值模型模拟[9-11]的研究已经发现，城市化过程会导致降水量的大幅度增加[12-14]。例如，美国密苏里州圣路易斯的城市化已导致夏季和春季降水分别了增加 17%和 4%[12]。在大城市地区，总降水量通常在城市的市中心和下风区增加[15-16]。此外，城市化对降水强度和频率的影响也受到了广泛关注[17]。Mishra 等[18]选取了 100 个较大城市地区及其周边的非城市地区进行对比，进一步发现城市化导致的降水在城市及郊区不同区域的空间分布发生了变化，阐述了城市化对城市降水空间分布的影响。

除了城市化对降水的影响，气候变化也是影响城市降水的一个重要因素，对观测到的降水变化具有显著影响[19-22]。现有观测数据分析结果表明，在全球范围内，极端降水正在变得越来越频繁和剧烈[20]。尤其是在中国区域，近年来的强降水事件更加频繁[22]。许多雨量测站位于城市或其周边区域，因此，根据实地测量获取的降水量增加可以部分地归因于全球变暖和城市化。随着城市的扩张，完全不受城市化影响的测站将变得越来越少[23]。

在气候变化和城市化对降水的共同作用下，区分并量化两者对降水变化的相对影响变得更加重要。虽然已有研究分析了气候变化和城市化对升温的影响，但迄今为止，对降水变化的归因研究仍然十分有限[8]。Sun 等[3]研究指出，1951～2010 年中国区域所表现出的变暖现象中，城市化的贡献约占三分之一。相对于降水，目前研究主要关注的是人类活动影响对降水变化的贡献[4, 24]。已有研究表明，人类活动影响造成了中国区域平均观测降水量65%～78%的变化[4]，以及 13%的极端降水量的增加[24]。然而，目前这些研究并没有关注城市化对降水的影响。

降水还受多种因素的影响，如热带气旋[25-26]，地形[27]，包括城市化、土壤水分在内的地表条件等[17, 28]。在这些因素中，气候变化和城市化是影响降水变化的两个最重要的因素。然而，由于气候变化和城市化之间复杂的相互作用，两者对降水变化的单独贡献仍然没有得到有效研究。在此，本章基于中国高密集网格尺度下的最新观测数据集，采用"trajectory"归因法分析气候变化和城市化对降水变化的影响[29-30]。该方法已成功地应用到将土壤水分变化归因于流域尺度上的森林变化和全球尺度上的植被变化研究中，研究结果可靠有效[29-30]。

5.1　研 究 数 据

本章采用的数据是从国家气象信息中心收集到的全国 2 474 个站点的降水观测数据资料[26,31]。在这些数据中，进一步选取站点数据缺失小于 5%（图 5.1）、覆盖范围为 1961～2014 年的 1 857 个站点，并且，其中有 1 336 个站点没有缺失数据。此外，在 1 857 个观测站点中，有 445 个观测站点的数据缺失少于 1%。数据发布经国家气象信息中心严格控制，数据质量可靠，高质量的数据也保证了后续分析计算降水指数的可靠性。

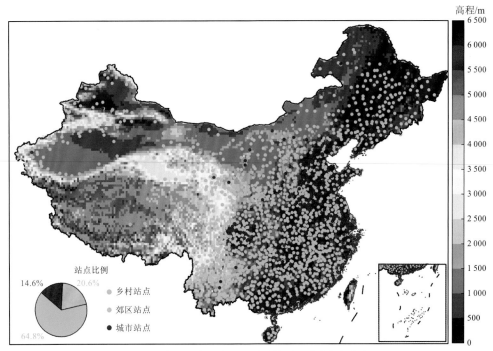

图 5.1 中国城市、郊区和乡村气象观测站点分布
左下角的饼状图表示乡村、郊区和城市站点比例

本章采用气候变化检测监测和指数专家组推荐的九个极端降水指标（表 5.1）。这些指标包括：①年最大一日降水量（Rx1）；②年连续五日最大降水量（Rx5）；③年降水量与降水日数（日降水量≥1.0 mm）比值（SDII）；④日降水量＞95%分位数的总降水量（R95pTOT）；⑤日降水量＞99%分位数的总降水量（R99pTOT）；⑥年内日降水量之和（PRCPTOT）；⑦日降水量连续＜1 mm 的最长时期（CDD）；⑧日降水量连续≥1 mm 的最长时期（CWD）；⑨日降水量≥95%分位数的总天数（EPE95p）。这些指标被广泛应用于描述对社会经济造成影响的极端降水事件[19, 32]。

表 5.1　极端降水指标定义及详细信息

名称	定义	单位	数据类型
Rx1	年最大一日降水量	mm	连续
Rx5	年连续五日最大降水量	mm	连续
SDII	年降水量与降水日数（日降水量≥1.0mm）比值	mm/d	连续
R95pTOT	日降水量＞95%分位数的总降水量	mm	连续
R99pTOT	日降水量＞99%分位数的总降水量	mm	连续
PRCPTOT	年内日降水量之和	mm	连续
CDD	日降水量连续＜1mm 的最长时期	d	离散
CWD	日降水量连续≥1mm 的最长时期	d	离散
EPE95p	日降水量≥95%分位数的总天数	d	离散

　　城市、郊区和乡村地区的范围是根据土地利用/土地覆盖（land use/land cover，LULC）和人口密度进行确定的。从中国科学院资源环境科学数据中心采集了 2015 年的全国 LULC 数据、1995 年和 2015 年的人口数据，数据空间分辨率均为 1km×1km，能可靠地显示城市地区和城市化的快速扩张趋势[28]。2015 年更新的 LULC 数据，将土地利用数据划分为农田、林地、草地、水体、建成区和未利用地 6 类及 25 个子类[28]。其中，建成区包括城市建设用地（涵盖大、中、小城市和乡镇面积）、居民点、工业区（涵盖工厂、制造区、机场等）3 个子类，包含了所有城市和乡村等人类构筑地上建筑物的区域。许多研究还将人口密度作为城乡界限分离的标准[33-35]。如图 5.2 所示，在中国，城市地区的空间分布与人口密度的空间分布总体较为一致，即城市地区往往为人口密度较高的地区。在 1995～2015 年，中国人口增长最快的地区主要集中在三个大都市区，即京津冀、长三角和珠三角三大都市区[图 5.2（b）、（c）、（d）]。以 1 000 人/km² 的人口密度阈值定义可涵盖整个中国 98.5%的区域，即只有 1.5%的区域人口密度大于 1 000 人/km²，这一区域的空间分布与城市地区总体一致。当站点位于城市地区，即人口密度大于 1 000 人/km² 的区域时，站点被定义为城市站点。根据 LULC 和人口密度划分方式，总计有 14.6%的站点被确定为城市站点。此外，由于强对流天气的显著影响，城市周边站点的降水也受到城市化的影响[36]。受 UHI 效应的影响，城市地区 50km 范围内的站点也被确定为城市化影响站点，共有 20.6%的站点属于城市化影响范围内的站点[34-37]。尽管在中国只有 5%的面积被列为城市地区，但是 35.2%的气象观测站坐落在城市地区（图 5.1、图 5.2），这将导致中国的降水变化不可避免地受到城市化的影响。

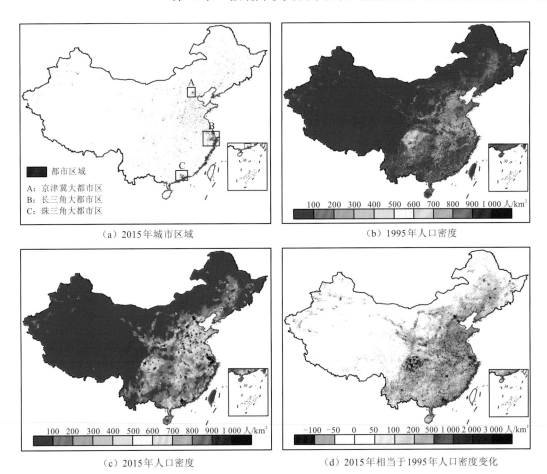

图 5.2　中国城市区域和人口密度空间分布

5.2　研究方法

采用"trajectory"归因法量化气候变化和城市化对降水趋势的相对贡献率[28, 30]。以乡村地区的降水变化代表气候变化的影响,作为评价城市地区城市化对降水影响的参照对象。在整个中国研究区域尺度上,通过加权赋值分别计算两者的相对贡献:

$$\mathrm{Con}_{\mathrm{Nurban}} = \frac{S_{\mathrm{sub}} \times (P_{\mathrm{urban}} - P_{\mathrm{rural}})}{P_{\mathrm{N}}} \times 100\% \qquad (5.1)$$

$$\mathrm{Con}_{\mathrm{Nclimate}} = (100 - \mathrm{Con}_{\mathrm{Nurban}}) \times 100\% \qquad (5.2)$$

式中:$\mathrm{Con}_{\mathrm{Nurban}}$ 和 $\mathrm{Con}_{\mathrm{Nclimate}}$ 分别为城市化和气候变化在整个中国区域尺度上的相对贡献率,%;S_{sub} 为降水趋势为正或负的城市站点总数占总站点的比例;P_{urban} 和 P_{rural} 分别为城市和乡村地区降水的趋势;P_{N} 为全国所有站点的平均降水趋势。

在区域和局部尺度上,气候变化和城市化共同影响某一站点的降水趋势,两者在该站的相对贡献可计算为

$$\mathrm{Con_{Rurban}} = \frac{S_{\mathrm{sub}} \times (P_{\mathrm{urban}} - P_{\mathrm{rural}})}{P_{\mathrm{R}}} \times 100\% \qquad (5.3)$$

$$\mathrm{Con_{Rclimate}} = \frac{P_{\mathrm{rural}}}{P_{\mathrm{R}}} \times 100\% \qquad (5.4)$$

式中：$\mathrm{Con_{Rurban}}$ 和 $\mathrm{Con_{Rclimate}}$ 分别为城市化和气候变化对区域或局部的相对贡献率，%；P_{R} 为区域或局部的平均降水趋势。

式（5.1）、式（5.3）和式（5.4）的 P_{N} 和 P_{R} 分别用于计算气候变化和城市化在国家、区域或局部尺度上对降水的相对贡献。考虑中国所有站点的平均降水趋势，P_{N} 用于计算城市化在全国范围内对降水变化的相对贡献；考虑区域或者局部尺度上的平均降水趋势，P_{R} 用于计算在区域或局部尺度上城市化对降水变化的相对贡献。在计算国家尺度上的相对贡献时，应包括中国各地的所有站点。在乡村和城市地区的站点数量有很大的差异，因此应将 S_{sub} 作为一个权重参数，以考虑区域站点数量的差异。在区域尺度上的相对贡献分析中，虽然采用了一个城市站点对应一个乡村站点这种结对的方式，消除了站点数量的差异，但保留 S_{sub} 参数可进一步增加该方法的扩展性。

5.3　气候变化和城市化在国家尺度上的相对贡献

对城乡站点进行匹配分类，以分析城市区域和乡村地区平均降水的变化趋势（图5.3）。1961～2014 年，中国六个极端降水指标（Rx1、Rx5、R95pTOT、R99pTOT、SDII 和 EPE95p）均呈增加趋势，这一结果与之前对中国区域极端降水研究的结果一致[24, 38]。此外，进一

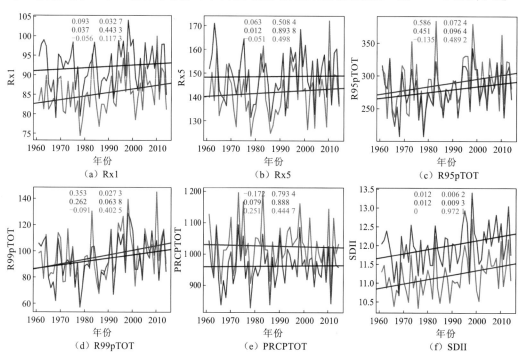

（a）Rx1　　　　　　　（b）Rx5　　　　　　　（c）R95pTOT

（d）R99pTOT　　　　　（e）PRCPTOT　　　　　（f）SDII

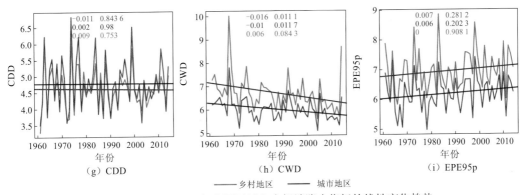

图 5.3　1961～2014 年中国区域九个极端降水指标的线性变化趋势

图中左列蓝、红、橙的数字分别表示乡村和城市站点的降水趋势及其差异，右列数字分别表示对应的
降水趋势的显著性 P 值

步对比发现，以上六个指标在城市和乡村均呈增加趋势，且不同类型站点的增加趋势基本一致。另外，城乡极端降水差异变化无统计学意义，以上六个极端降水指标的显著性 P 值分别为 0.1、0.5、0.5、0.4、0.97 和 0.9（图 5.3）。

城市和乡村降水平均值在国家尺度上的差异也可能受到气候空间差异性的影响。为确定这种影响的效果，分别应用城市和乡村站点数据生成了 1°×1° 降水距平值空间分布，且只考虑至少覆盖一个城市站点和乡村站点的栅格，最终生成了中国区域城乡极端降水指标距平值的差异对比序列结果，如图 5.4 所示。在城市和乡村之间的极端降水的差异略有增加，其极端降水指标（包括 Rx1、Rx5、R95pTOT、R99pTOT、SDII 和 EPE95p）的显著性 P 值分别为 0.8、0.9、0.5、0.5、0.7 和 0.2。这一结果表明城市化对极端降水趋势的影响较弱，随后的气候变化和城市化的相对贡献率分析将进一步验证这一结果（图 5.5）。

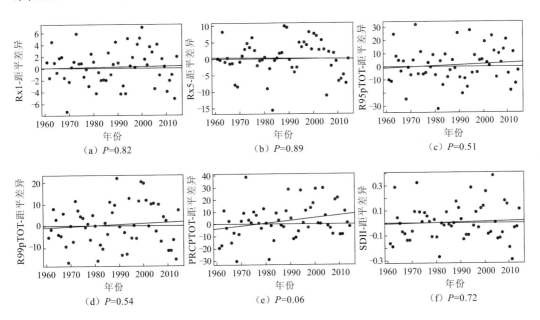

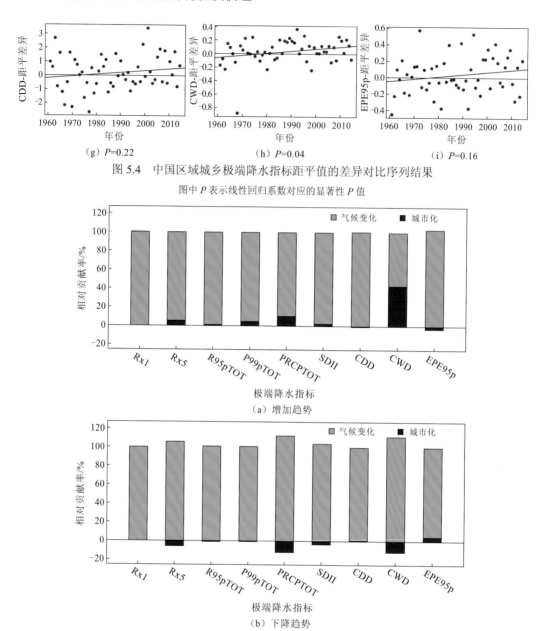

（g）$P=0.22$ （h）$P=0.04$ （i）$P=0.16$

图 5.4 中国区域城乡极端降水指标距平值的差异对比序列结果

图中 P 表示线性回归系数对应的显著性 P 值

（a）增加趋势

（b）下降趋势

图 5.5 国家尺度下气候变化和城市化对九个极端降水指标趋势变化的相对贡献率

借助直方图，能够直观地看出气候变化和城市化对中国区域范围内极端降水指标增加或降低趋势变化的相对贡献率。如图 5.5 所示，极端降水指标 Rx1、Rx5、R95pTOT和 R99pTOT 均未检测到或仅检测到较为微弱的城市化影响。在这四个极端降水指标中，城市化对各指标增加趋势的相对贡献率分别为 0.1%、5.3%、0.5%和 4.7%，相对而言，城市化对其降低趋势的相对贡献率分别为-0.2%、-5.8%、-0.8%和-0.6%。这一结果表明，尽管城市化对极端降水的潜在相对贡献率并不显著，但城市化仍对极端降水的增加或减少起到轻微的促进作用。因此，气候变化和城市化对中国区域极端降水变化相对贡献率的对比结果表明，气候变化是中国极端降水趋势变化的主导因素。根据克劳修斯-克拉珀龙（Clausius-Clapeyron，C-C）方程，在全球变暖背景下，温度每升高 1 ℃，大气中饱和水汽含量增加 6%～7%[21]。同时，挟带更多水汽的大气为降水提供了更有利的条件，这可能是气候变暖情况下，中国西北地区由暖干向暖湿转变的原因[19]。在中国东部，极端降水的强度、频率与西太平洋热带气旋[26]和东亚季风[39]也表现出较强的相关性。

中国不同区域极端降水发生的气象和气候机制各不相同，其影响因素众多，如水汽输移、热带气旋、对流、雷暴、锋面通道和海温异常等[26, 40-41]。然而，以往的研究大多将极端降水的变化归因于全球气候变化，如海温的异常变化和全球变暖[19, 24, 39, 42]。最新研究结果表明，人类活动导致的气候变暖使日极端降水增加了约 13%[24]。此外，在中国东南部区域，较大比例的极端降水可以归因于热带气旋引起的强对流天气[25-26]。另外，降水变化受到季风环流的影响更大[43]，且两者之间的联系还受海温异常的调节[44]。结合以往的研究成果，以及城市面积仅占中国国土面积 0.7% 的实际情况[45]，大尺度环流模式可能是整个国家尺度降水极值长期变化的主导因素。

相比极端降水，城市化对降水总量变化的影响更为显著，如图 5.3（e）、图 5.4（e）和图 5.5 所示。PRCPTOT 在城市和乡村地区之间呈现显著的差异，即在城市地区增加，而在乡村地区减少，且 PRCPTOT 在城市和乡村地区之间这一差异正呈现进一步增加的趋势[图 5.3（e）]。在过去几十年的城市化进程中，城市和乡村站点之间 PRCPTOT 的差异显著增加，其变化的显著性 P 值为 0.06[图 5.4（e）]。伴随着 PRCPTOT 的显著增加，在全国范围内，城市化贡献了 PRCPTOT 增加趋势的 10.2%，如图 5.5 所示。已有研究发现，短时强降水与城市化之间存在着很强的关联，其中短时强降水在中心城区或其附近往往比在乡村地区更频繁、更密集[17]。一方面，短时强降水事件的增加可能不足以影响极端降水，但会显著地增加总降水量。另一方面，这些短时强降水事件大多开始于夜间，结束于清晨[17]，这可能会增加 CWD。因此，CWD 是另一个受城市化显著影响的极端降水指标，其增加趋势中的 42.9% 来源于城市化的作用（图 5.5）。与 CWD 相比，城市化对 CDD 的变化起到的作用较小。

5.4　气候变化和城市化在区域尺度上的相对贡献

图 5.6 进一步展示了气候变化和城市化对城市地区降水的相对贡献率。区域尺度范围内城市站点总数占观测站点总数的比例相比国家尺度更大，这将加强城市化对极端降水指标趋势的影响。然而，站点比例增加似乎并没有有效提高城市化对极端降水趋势的相对贡献率。在城市化对极端降水增加趋势影响的分析方面，极端降水指标 Rx1、Rx5、R95pTOT、R99pTOT 等中，城市化对这四种指标分别贡献了 0.1%、5.3%、0.5% 和 4.7%；在城市化对极端降水下降趋势变化影响的分析方面，城市化对这四种指标下降趋势的相对贡献率分别为-0.7%、-5.8%、-0.7% 和-0.6%。因此，气候变化仍然是造成城市地区极

端降水趋势变化的主要因素。而在区域尺度上，城市化则是造成 CWD 变化的主导因素，分别贡献了 CWD 增加和下降趋势的 88.9% 与-37.7%。

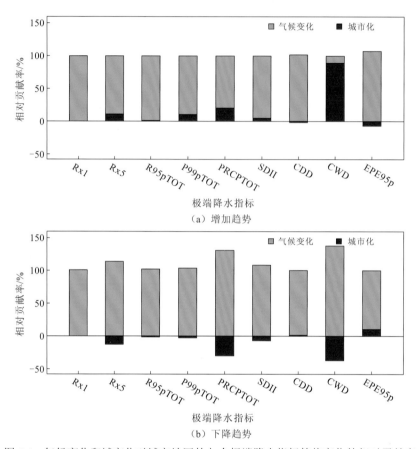

图 5.6　气候变化和城市化对城市地区的九个极端降水指标趋势变化的相对贡献率

除 CWD 外，城市化对 PRCPTOT 的影响在区域尺度上更为显著，如图 5.6 所示。城市化对 PRCPTOT 增加和下降趋势的相对贡献率分别为 20.19% 与-30.63%。这一结果是因为城市化可能导致城市中心和下风区总降水的增加，进而导致城市化对 PRCPTOT 相对影响的增加[15-16, 46]。

城市及其周边乡村地区的 PRCPTOT 之间的差异进一步说明了城市化对 PRCPTOT 的影响（图 5.7）。采用三参数的逻辑斯谛函数（logistic function）拟合城市化对 PRCPTOT 的影响信号：$f(l) = G / [1 + e^{-r(l-l_0)}]$，其中，$l$ 为曲线值，l_0 为曲线的中点值，G 为曲线的最大值，r 为曲线的斜率。采用非线性最小二乘法对逻辑斯谛函数参数进行估计。中国的城市化可以明显分为两个阶段：1961～1980 年，该时期城市化水平较弱；20 世纪 80 年代改革开放至今，该时期城市化快速发展。城市化对 PRCPTOT 影响估计值的逻辑斯谛函数变化与城市化程度随时间的变化高度一致，如图 5.7 所示。逻辑斯谛函数拟合的城市和乡村站点平均降水量的差异曲线在 1960～1980 年，由于城镇化发展不足，拟合值较小，当城市发展到一定阶段时，城市化效应将达到峰值[47]。

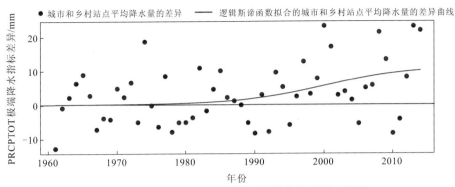

图 5.7　城市化对 PRCPTOT 极端降水指标的影响信号

5.5　气候变化和城市化在局部尺度上的相对贡献

本章还进一步分析了气候变化和城市化对降水变化在空间分布上的相对影响。乡村站点极端降水指标的平均趋势视为局部尺度气候变化对降水的影响，以此为基础，在网格中提取城市化对降水变化的相对贡献率。采用分辨率为 1°×1° 的网格来提取区域气候和城市化交互影响的关系，如图 5.8 所示。至少有一个乡村和一个城市站点的网格被用来提取并评估城市化对局部降水的相对贡献率，满足要求的网格大多位于中国东部地区，这一现象则表明中国东部地区具有较高的城市化水平（图 5.8）。

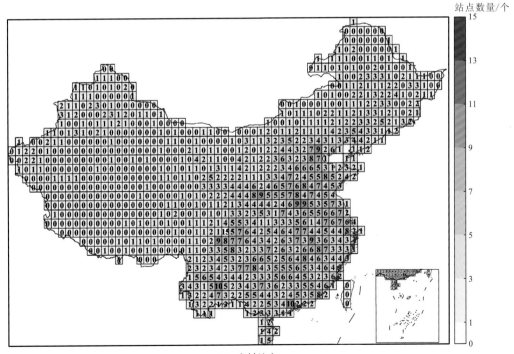

（a）乡村站点

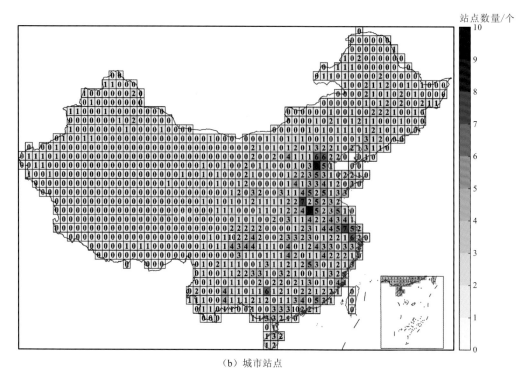

（b）城市站点

图 5.8　在 1°×1° 网格下乡村站点和城市站点的数量分布

　　城市化与极端降水指标的变化趋势在局部尺度上表现出密切的相关性，如图 5.9 和图 5.10 所示。城市化对极端降水指标趋势的影响中，京津冀大都市区极端降水呈下降趋势，城市化的影响表现为负的相对贡献率；长三角大都市区极端降水呈上升趋势，城市化的影响表现为正的相对贡献率。在这些极端降水指标中，城市化对 Rx5 影响的相对贡献率最为显著，这一结果表明城市化对极端降水的影响倾向于出现在连续的日极端降水中。

　　进一步对比研究发现，城市化在局部尺度上对 PRCPTOT 的相对贡献率依然明显高于对极端降水的相对贡献率。然而城市化对降水总量和极端降水的影响具有一个共同特征，即倾向于加剧气候变化引起的降水趋势。以往的研究中把中国西北地区降水总量和极端降水的增加归因于气候变化的影响[19, 48]，但是城市化对这一区域降水的增加也发挥了重要作用，并具有积极的相对贡献率（图 5.9）。

　　为了更好地探讨城市环境对降水长期趋势的影响，进一步计算了城市和乡村极端降水指标变化的概率密度函数（图 5.11）。极端降水指标（如 Rx1、Rx5、R95pTOT、R99pTOT 和 EPE95p）在城市地区和乡村地区没有明显的差异[图 5.11（a）～（i）]。双侧 t 检验表明这些极端降水指标的变化在城市和乡村地区没有显著的差异，其显著性 P 值分别为 0.1、0.5、0.96、0.77 和 0.85。然而城市和乡村极端降水指标变化概率密度函数的显著差异体现在降水总量和降水强度上，双侧 t 检验显著性 P 值分别为 0 和 0.01[图 5.11（e）、（f）]。相比乡村地区，城市地区降水总量和降水强度存在显著的正偏差，表明显著增加的总降水量和降水强度往往发生在城市地区。这一结果还进一步表明，在总降水量的长期变化中可以有效地检测出城市化的影响信号。

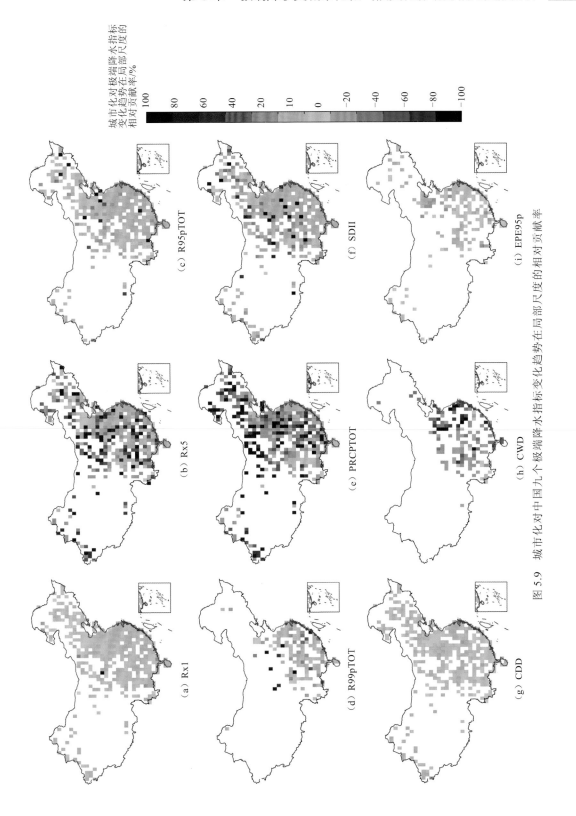

图 5.9 城市化对中国九个极端降水指标变化趋势在局部尺度的相对贡献率

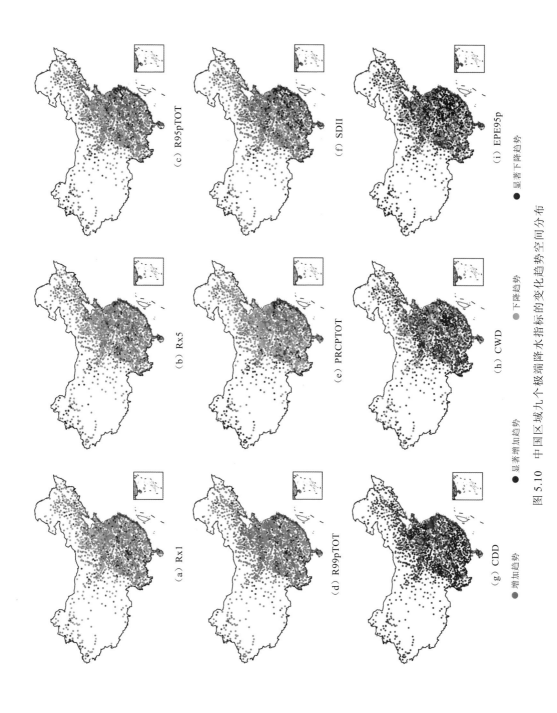

图 5.10 中国区域九个极端降水指标的变化趋势空间分布

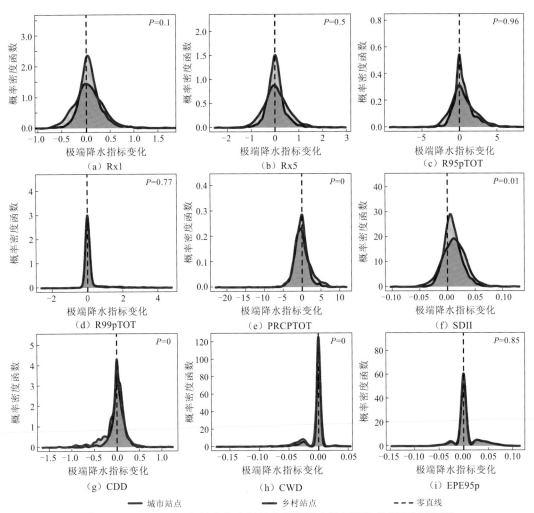

图 5.11　1961～2014 年城市和乡村站点极端降水指标变化的概率密度函数

5.6　本 章 小 结

采用"trajectory"归因法从全国、区域和局部三种空间尺度上分别量化分析了气候变化和城市化对降水趋势的潜在影响。气候变化是影响全国降水趋势的主要因素。城市化是加速或减缓气候变化趋势的调节器。对于极端降水和总降水量，城市化可以缓解气候变化引起的极端降水增加或减少。相对于极端降水，总降水量受到城市化的影响更为显著。总降水量的正负趋势变化中，约有 20.2%和-30.6%来自区域尺度的城市化影响，而城市化相对贡献率最大的极端降水指标 Rx5，城市化对其正负趋势的潜在相对贡献率仅为 5.3%和-5.8%。

局部尺度上气候变化和城市化对降水趋势的相对贡献率与当地降水趋势之间存在很强的关联。具体而言，一方面，城镇化可以缓解中国北方极端降水和总降水的下降趋势，特别是京津冀大都市区；另一方面，城市化可以加速中国东部地区极端降水和总降水的增加趋势，特别是在长三角大都市区。此外，尽管相对于其他地区，西北地区城镇化水平较低，但城市化影响也体现在区域湿润趋势的变化上。

虽然城市化对极端降水变化的影响较弱，但在总降水量中可以发现城市化有较强的影响作用。城市化影响大气环境及其循环过程的主要方式有两种：改变土地覆盖和增加污染物的排放[16]。而城市中心区和下风区降水总量的增加是由区域气候变化和土地覆盖变化共同影响地表边界层大气性质引起的[49]。其中，UHI 效应增强了水汽对流[49]，城市地表变化增强了大气辐合[50]，城市建筑障碍物增加了降水分布差异[51]，这些因素共同导致了城市降水的增加。城市降水的增加不仅反映在降水总量上，还反映在降水次数上。以北京市区为例，频繁的短时强降水事件发生在中心区域及其附近，且大多发生在傍晚和夜间，并往往在深夜和清晨结束[17]。因此，城市化对总降水趋势和连续湿润日数有较高的相对贡献率。

值得注意的是，用"trajectory"归因法假设乡村降水变化可以代表气候影响，可以作为气候变化对降水变化影响的参考，其计算的相对贡献率是基于统计结果获取的。然而事实上，影响降水的因素还有很多，但是这些因素之间的相互作用是极其复杂的，而如何定量地评价这些因素对降水的影响仍是一个巨大的挑战。另外，很难在实测站点中选择出可以完全不受城市化影响的乡村站点。"trajectory"归因法是静态的和相对的，其结果也在一定程度上是相对准确的。但是在此必须强调，未来基于模型的研究更为重要，特别是基于区域气候模型的数值实验，通过当地环境变化的物理过程来分析中国区域降水变化的影响机制。

参 考 文 献

[1] HUONG H T L, PATHIRANA A. Urbanization and climate change impacts on future urban flooding in Can Tho city, Vietnam[J]. Hydrology and Earth system sciences, 2013, 17: 379-394.

[2] SHASTRI H, PAUL S, GHOSH S, et al. Impacts of urbanization on Indian summer monsoon rainfall extremes[J]. Journal of geophysical research, 2015, 120(2): 495-516.

[3] SUN Y, ZHANG X, REN G, et al. Contribution of urbanization to warming in China[J]. Nature climate change, 2016, 6(7): 706-710.

[4] ZHAO G, GAO H, GUO L. Effects of urbanization and climate change on peak flows over the San Antonio River Basin, Texas[J]. Journal of climate, 2016, 17(9): 2371-2389.

[5] REN G Y, ZHOU Y Q, CHU Z Y, et al. Urbanization effects on observed surface air temperature trends in north China[J]. Nature climate change, 2008, 21(6): 1333-1348.

[6] SHEPHERD J M, CARTER M, MANYIN M, et al. The impact of urbanization on current and future coastal precipitation: A case study for Houston[J]. Environment and planning B: Planning design, 2010, 37(2): 284-304.

[7] YANG P, REN G, HOU W, et al. Spatial and diurnal characteristics of summer rainfall over Beijing municipality based on a high-density AWS dataset[J]. International journal of climatology, 2013, 33(13):

2769-2780.

[8] REN G, ZHOU Y. Urbanization effects on trends of extreme temperature indices of national stations over Mainland China, 1961～2008[J]. Journal of climate, 2014, 27(6): 2340-2360.

[9] HUFF F A. Urban hydrometeorology review[J]. Bulletin of the American meteorological society, 1986, 67(6): 703-711.

[10] OKE T R. The urban energy balance[J]. Progress in physical geography, 1988, 12(4): 471-508.

[11] ALLEN M R, INGRAM W J. Constraints on future changes in climate and the hydrologic cycle[J]. Nature, 2002, 419(6903): 224-232.

[12] CHANGNON S A, SHEALY R T, SCOTT R W. Precipitation changes in fall, winter, and spring caused by St. Louis[J]. Journal of applied meteorology, 1991, 30(1): 126-134.

[13] ZHOU Y, REN G. The effect of urbanization on maximum, minimum temperature and daily temperature range in north China[J]. Plateau meteorology, 2009, 28(5): 1158-1166.

[14] DOU J, WANG Y, BORNSTEIN R, et al. Observed spatial characteristics of Beijing urban climate impacts on summer thunderstorms[J]. Journal of applied meteorology and climatology, 2015, 54(1): 94-104.

[15] HAN J Y, BAIK J J, LEE H. Urban impacts on precipitation[J]. Asia-pacific journal of atmospheric sciences, 2014, 50(1): 17-30.

[16] ZHONG S, QIAN Y, ZHAO C, et al. A case study of urbanization impact on summer precipitation in the Greater Beijing Metropolitan Area: Urban heat island versus aerosol effects[J]. Journal of geophysical research: Atmospheric, 2015, 120(20): 10903-10914.

[17] YANG P, REN G, YAN P X. Evidence for a strong association of short-duration intense rainfall with urbanization in the Beijing urban area[J]. Journal of climate, 2017, 30(15): 5851-5870.

[18] MISHRA V, WALLACE J M, LETTENMAIRER D P. Relationship between hourly extreme precipitation and local air temperature in United States[J]. Geophysical research letters, 2012, 39(16): 1-7.

[19] ZHANG Q, LI J, SINGH V P, et al. Spatio-temporal relations between temperature and precipitation regimes: Implications for temperature-induced changes in the hydrological cycle[J]. Global and planetary change, 2013, 111: 57-76.

[20] DONAT M G, LOWRY A L, ALEXANDER L V, et al. More extreme precipitation in the world's dry and wet regions[J]. Nature climate change, 2016, 6: 508-514.

[21] INGRAM W. Extreme precipitation increases all round[J]. Nature climate change, 2016, 6: 443-444.

[22] GU X H, ZHANG Q, SINGH V P, et al. Changes in magnitude and frequency of heavy precipitation across China and its potential links to summer temperature[J]. Journal of hydrology, 2017, 547: 718-731.

[23] REN G, LI J, REN Y, et al. An integrated procedure to determine a reference station network for evaluating and adjusting urban bias in surface air temperature data[J]. Journal of applied meteorology and climatology, 2015, 54(6): 1248-1266.

[24] CHEN H, SUN J. Contribution of human influence to increased daily precipitation extremes over China[J]. Geophysical research letters, 2017, 44(5): 2436-2444.

[25] GU X H, ZHANG Q, SINGH V P, et al. Spatiotemporal patterns of annual and seasonal precipitation extreme distributions across China and potential impact of tropical cyclones[J]. International journal of climatology, 2017, 37: 3949-3962.

[26] ZHANG Q, GU X H, LI J, et al. The impact of tropical cyclones on extreme precipitation over coastal and inland areas of China and its association to the ENSO[J]. Journal of climate, 2018, 31: 1865-1880.

[27] ZHANG Q, XIAO M, LI J, et al. Topography-based spatial patterns of precipitation extremes in the Poyang Lake Basin, China: changing properties and causes[J]. Journal of hydrology, 2014, 512: 229-239.

[28] LIU D, WANG G, MEI R, et al. Impact of initial soil moisture anomalies on climate mean and extremes over Asia[J]. Journal of geophysical research: atmospheric, 2014, 119(2): 529-545.

[29] FENG H, LIU Y. Trajectory based detection of forest-change impacts on surface soil moisture at a basin scale［Poyang Lake Basin, China］[J]. Journal of hydrology, 2014, 514: 337-346.

[30] FENG H. Individual contributions of climate and vegetation change to soil moisture trends across multiple spatial scales[J]. Scientific reports, 2016, 6: 1-6.

[31] MA F, YUAN X, YE A. Seasonal drought predictability and forecast skill over China[J]. Journal of geophysical research, 2015, 120(16): 8264-8275.

[32] ZHANG Q, GU X H, SINGH V P, et al. Magnitude, frequency and timing of floods in the Tarim River Basin, China: changes, causes and implications[J]. Global and planetary change, 2016, 139: 44-55.

[33] KISHTAWAL C M, NIYOGI D, TEWARI M, et al. Urbanization signature in the observed heavy rainfall climatology over India[J]. International journal of climatology, 2010, 30(13): 1908-1916.

[34] SINGH J, VITTAL H, KARMAKAR S, et al. Urbanization causes nonstationarity in Indian summer monsoon rainfall extremes[J]. Geophysical research letters, 2016, 43(21): 11269-11277.

[35] NIYOGI D, LEI M, KISHTAWAL C, et al. Urbanization impacts on the summer heavy rainfall climatology over the eastern United States[J]. Earth interactions, 2017, 21: 1-21.

[36] SHEPHERD J M, PIERCE H, NEGRI A J. Rainfall modification by major urban areas: Observations from spaceborne rain radar on the TRMM satellite[J]. Journal of applied meteorology, 2002, 41(7): 689-701.

[37] VITTAL H, KARMAKAR S, GHOSH S. Diametric changes in trends and patterns of extreme rainfall over India from pre-1950 to post-1950[J]. Geophysical research letters, 2013, 40(12): 3253-3258.

[38] RAHMSTORF S, COUMOU D. Increase of extreme events in a warming world[J]. Proceedings of the National Academy of Sciences of the United States of America, 2011, 108(44): 17905-17909.

[39] GAO T, WANG H, ZHOU T. Changes of extreme precipitation and nonlinear influence of climate variables over monsoon region in China[J]. Atmospheric research, 2017, 197: 379-389.

[40] HIRSCHBOECK K K. Flood hydroclimatology[C]∥ BAKER V R, KOCHEL R C, PATTON P C. Flood geomorphology. New Jersey: John Wiley & Sons Inc., 1988: 27-49.

[41] ZHANG Q, LAI Y, GU X, et al. Tropical cyclonic rainfall in China: Changing properties, seasonality and causes[J]. Journal of geophysical research, 2018, 123(9): 4476-4489.

[42] GU X H, ZHANG Q, SINGH V P, et al. Non-stationarities in the occurrence rates of heavy precipitation across China and its relationship to climate teleconnection patterns[J]. International journal of climatology, 2017, 37(11): 4186-4198.

[43] WANG B, DING Q. Changes in global monsoon precipitation over the past 56 year[J]. Geophysical research letters, 2006, 33(6): 1-4.

[44] CHAN J C L, ZHOU W. PDO, ENSO and the early summer monsoon rainfall over south China[J]. Geophysical research letters, 2005, 32(8): 1-5.

[45] WANG F, GE Q, WANG S, et al. A new estimation of urbanization's contribution to the warming trend in China[J]. Journal of climate, 2015, 28: 8923-8938.

[46] CHANGNON S A. Rainfall changes in summer caused by St. Louis[J]. Science, 1979, 205(4404): 402-404.

[47] JONES P D, LISTER D H. The urban heat island in central London and urban-related warming trends in central London since 1900[J]. Weather, 2009, 64(12): 323-327.

[48] CHEN Y N, LI W H, XU C C, et al. Effects of climate change on water resources in Tarim River Basin, northwest China[J]. Journal of environmental sciences, 2007, 19(4): 488-493.

[49] WAN H C, ZHONG Z, YANG X Q, et al. Impact of city belt in Yangtze River Delta in China on a precipitation process in summer: a case study[J]. Atmospheric research, 2013, 125-126: 63-75.

[50] BORNSTEIN R, LIN Q. Urban heat islands and summertime convective thunderstorms in Atlanta: three cases studies[J]. Atmospheric environment, 2000, 34(3): 507-516.

[51] MIAO S G, CHEN F, LI Q C, et al. Impacts of urban processes and urbanization on summer precipitation: a case study of heavy rainfall in Beijing on 1 August 2006[J]. Journal of applied meteorology and climatology, 2010, 50(4): 806-825.

第 6 章

极端降水非一致性受城市化的
影响

极端天气和气候给人类社会与生存环境带来灾难性的影响[1-2]。在全球变暖和气候变化的背景下，全球极端降水现象正在变得更加频繁和剧烈[3-4]。根据 C-C 方程，大气饱和水汽含量随温度增加呈指数增长趋势，并导致极端降水的增加[5-8]。然而，越来越多的区域研究表明，全球变暖可能并不会导致区域极端降水的增加[9-10]。

20 世纪见证了世界范围内快速的城市化和人口的增长，同时见证了城市化对极端降水变化的影响[11-13]。根据联合国经济和社会事务部人口司 2011 年数据，城市人口比例从 1900 年的 13%上升到 2005 年的 49%，预计到 2030 年将达到 60%。这种密集的城市化极有可能对区域极端降水的变化产生重大影响。除了全球变暖，城市热岛效应也是导致城市地区温度变高的另一个关键因素。城市热岛效应通过影响云的形成、局部对流和气溶胶等来影响极端降水[14-16]。越来越多的观测数据和气候模式模拟结果已经证实了过去几十年城市化和降水之间的密切关系[17-20]。

根据国家统计局 2016 年数据，中国是世界上人口最多的国家，正经历着快速的城市化，仅从 2012 年以来，城市人口就翻了一倍多。此外，全球气候变化和包括城市化在内的区域 LULC 变化均会导致极端降水的变化，并将对洪水、干旱和食品安全产生巨大影响。因此，许多研究分析了中国降水与城市化之间的关系[18, 21-26]。这些研究表明，城市化影响降水的空间分布和降水量并有增强降水的趋势。然而，还有其他研究发现城市化不利于降水的增加[27-29]，这些研究总体表明城市化对降水变化的影响仍然不够明确。

城市化对中国降水的影响存在不同的认识，且研究主要集中在京津冀、长三角和珠三角三个大都市区，在全国范围内城市化对极端降水长期变化影响的研究目前还非常有限。尽管极端降水的长期变化在中国不同地区得到了广泛的检测和分析，但研究结果主要与全球气候变化有关，没有充分考虑城市化的影响[16, 30-32]。此外，设计暴雨是城市基础设施建设中的关键要素，其准确性非常依赖于极端降水序列的一致性[33-34]。Mondal 和 Mujumdar[35]的研究表明，与其他物理协变量如自然变率相比，城市化更容易使极端降水呈现非一致性。因此，本章的研究目的为：①调查城市化对年和季节极端降水长期变化的影响；②探究年和季节极端降水的非一致性与城市化程度的联系。

6.1　研　究　数　据

降水数据详细信息见 5.1 节。采用各站点的年和季节（春季为 3~5 月，夏季为 6~8 月，秋季为 9~11 月，冬季为 12 月~次年 2 月）降水的最大值来定义降水极值，从而获取相应的年和季节极端降水指标，描述极端降水事件对社会造成的影响。年和季节最大一日降水，也可以用来估计某一重现期极端事件的发生概率，并应用于基础设施的设计[34]。

中国城市化进程可以明确地划分为两个阶段：第一阶段，1961~1987 年，为我国城市化效应较弱阶段；第二阶段，1988~2014 年，为我国城市化快速发展阶段。本章使用了一种简单而有效的方法来定义乡村、正在城市化和城市站点：①站点在 20 世纪 80 年代和 2015 年都位于乡村地区，划分为乡村站点；②站点在 20 世纪 80 年代位于乡村区域，但是随着城市化的进行，这一区域在 2015 年发展为城市地区，划分为正在城市化站点；③站点在 20 世纪 80 年代和 2015 年均位于城市地区，划分为城市化站点。基于以上分类，可获取乡村站点 1 115 个，正在城市化站点 341 个，城市站点 401 个，城市站点总数量与 Liao 等[36]、Luo 和 Lau[37]等所划分的城市站点数量基本吻合。

降水是压力和温差、风场和水分共同作用的结果[11]。考虑到大尺度环流模式对降水极值的影响，在分析城市化影响中纳入了关键的大尺度环境变量，如气温、相对湿度、气压、经向风、纬向风和垂直风速。这些大尺度环境变量的日尺度数据来源于 NCEP-NCAR[38]的再分析数据和欧洲中尺度天气预报中心（European Centre for Medium-Range Weather Forecasts）的 ERA-Interim 再分析数据[39]。NCEP-NCAR 再分析数据时间长度为 1948 年至今，作为一种较老的数据产品，可能数据不确定性较大[40]，而 ERA-Interim 再分析数据时间长度为 1979 年至今，作为近年来发布的新数据，数据质量较高[39]。由于 500 hPa 的大气气压线是对流风暴方向发生转变的水平线，本章采用 500 hPa 的大气环流变量值进行相应的分析[41]。

6.2　研究方法

6.2.1　佩蒂特检验

在以往的研究中，多种统计检验方法被用来检测突变点，如曼-惠特尼 U 检验（Mann-Whitney U test）[42]、滑动 t 检验[43]、佩蒂特（Pettitt）检验[44]等。在这些方法中，佩蒂特检验由于具有如下优点被应用于极端降水的突变分析：①该方法是一种非参数基于秩次的检验方法，不需要预先假设突变点的位置；②检验统计量的显著性 P 值可以用近似有限分布计算[45-46]。当显著性 P 值小于 0.05 时，拒绝时间序列不存在突变点的空假设。

6.2.2　一致性和非一致性频率分析

当极端降水序列不满足一致性假设时，传统的一致性频率分析方法难以准确地估计极端事件重现期。极端降水序列的一致性定义为"无趋势、无突变和无周期性"。根据一致性定义，通过检测极端降水序列的趋势、突变和周期性判断其是否满足一致性假设[47-48]。另外，通过极端降水序列的极值分布函数的参数是否发生了显著变化进一步验证了一致性判断的准确性[10, 17, 49]。1961～1987 年由于城市化进程缓慢，对降水的影响较弱，可定义为低水平城市扩张时期，采用自助抽样（bootstrap）方法对这一时期极端降水序列进行抽样，并对样本拟合 GEV 分布，估计 GEV 分布的参数。1988～2014 年城市化快速发展，对降水的影响逐渐增强，定义为快速城市化时期，同样采用自助抽样方法进行抽样，最终得到 GEV 分布的参数。将上述步骤重复 1 000 次，分别得到 1961～1987 年和 1988～2014 年 1 000 组 GEV 分布的参数。GEV 分布任何一个参数的 60%置信区间在这两个时间段没有重叠，显著性水平约为 20%，表明极端降水序列呈非一致性。因此，极端降水序列呈现显著的趋势特征、突变点和周期性，或者弱城市化影响时期和强城市化影响时期极值分布函数参数不重叠，其不满足一致性假设。

进一步构建基于位置、尺度和形状参数的 GAMLSS 模型，开展极端降水的频率分析[50]。GAMLSS 模型框架包含了基于不同极值分布函数构建的分布参数与协变量不同依赖关系的一致性和非一致性频率分析模型（表 6.1）。

表 6.1　66 个一致性和非一致性频率分析模型详细信息

序号	模型名称	分布函数	参数数量	参数依赖关系函数	参数分布函数信息	模型类型
1	fpGU1				$mu(t, 1)$, sigma = Const.	1st order NS
2	fpGU2				$mu(t, 2)$, sigma = Const.	1st order NS
3	fpGU3				$mu(t, 3)$, sigma = Const.	1st order NS
4	fpGU4				$mu(t, 1)$, $sigma(t, 1)$	2st order NS
5	fpGU5	耿贝尔分布（Gumbel distribution）	2	多项式	$mu(t, 2)$, $sigma(t, 1)$	2st order NS
6	fpGU6				$mu(t, 3)$, $sigma(t, 1)$	2st order NS
7	fpGU7				$mu(t, 1)$, $sigma(t, 2)$	2st order NS
8	fpGU8				$mu(t, 2)$, $sigma(t, 2)$	2st order NS
9	fpGU9				$mu(t, 3)$, $sigma(t, 2)$	2st order NS
10	fpWEI1				$mu(t, 1)$, sigma = Const.	1st order NS
11	fpWEI2				$mu(t, 2)$, sigma = Const.	1st order NS
12	fpWEI3				$mu(t, 3)$, sigma = Const.	1st order NS
13	fpWEI4				$mu(t, 1)$, $sigma(t, 1)$	2st order NS
14	fpWEI5	韦布尔分布（Weibull distribution）	2	多项式	$mu(t, 2)$, $sigma(t, 1)$	2st order NS
15	fpWEI6				$mu(t, 3)$, $sigma(t, 1)$	2st order NS
16	fpWEI7				$mu(t, 1)$, $sigma(t, 2)$	2st order NS
17	fpWEI8				$mu(t, 2)$, $sigma(t, 2)$	2st order NS
18	fpWEI9				$mu(t, 3)$, $sigma(t, 2)$	2st order NS
19	fpLOGNO1	对数正态分布（log-normal distribution）	2	多项式	$mu(t, 1)$, sigma = Const.	1st order NS
20	fpLOGNO2				$mu(t, 2)$, sigma = Const.	1st order NS

序号	模型名称	分布函数	参数数量	参数依赖关系函数	参数分布函数信息	模型类型
21	fpLOGNO3				mu (t, 3), sigma = Const.	1st order NS
22	fpLOGNO4				mu (t, 1), sigma (t, 1)	2st order NS
23	fpLOGNO5	对数正态分布			mu (t, 2), sigma (t, 1)	2st order NS
24	fpLOGNO6	(log- normal	2	多项式	mu (t, 3), sigma (t, 1)	2st order NS
25	fpLOGNO7	distribution)			mu (t, 1), sigma (t, 2)	2st order NS
26	fpLOGNO8				mu (t, 2), sigma (t, 2)	2st order NS
27	fpLOGNO9				mu (t, 3), sigma (t, 2)	2st order NS
28	fpGA1				mu (t, 1), sigma = Const.	1st order NS
29	fpGA2				mu (t, 2), sigma = Const.	1st order NS
30	fpGA3				mu (t, 3), sigma = Const.	1st order NS
31	fpGA4				mu (t, 1), sigma (t, 1)	2st order NS
32	fpGA5	伽马分布	2	多项式	mu (t, 2), sigma (t, 1)	2st order NS
33	fpGA6	(Gamma distribution)			mu (t, 3), sigma (t, 1)	2st order NS
34	fpGA7				mu (t, 1), sigma (t, 2)	2st order NS
35	fpGA8				mu (t, 2), sigma (t, 2)	2st order NS
36	fpGA9				mu (t, 3), sigma (t, 2)	2st order NS
37	fpLO1				mu (t, 1), sigma = Const.	1st order NS
38	fpLO2				mu (t, 2), sigma = Const.	1st order NS
39	fpLO3				mu (t, 3), sigma = Const.	1st order NS
40	fpLO4				mu (t, 1), sigma (t, 1)	2st order NS
41	fpLO5	逻辑斯谛分布	2	多项式	mu (t, 2), sigma (t, 1)	2st order NS
42	fpLO6	(logistic distribution)			mu (t, 3), sigma (t, 1)	2st order NS
43	fpLO7				mu (t, 1), sigma (t, 2)	2st order NS
44	fpLO8				mu (t, 2), sigma (t, 2)	2st order NS
45	fpLO9				mu (t, 3), sigma (t, 2)	2st order NS
46	fpGG1	广义伽马分布 (generalized Gamma distribution)	3	多项式	mu(t, 1), sigma = Const., nu = Const.	1st order NS

序号	模型名称	分布函数	参数数量	参数依赖关系函数	参数分布函数信息	模型类型
47	fpGG2				$mu(t, 2)$, sigma = Const., nu = Const.	1st order NS
48	fpGG3				$mu(t, 3)$, sigma = Const., nu = Const.	1st order NS
49	fpGG4				$mu(t, 1)$, $sigma(t, 1)$, nu = Const.	2st order NS
50	fpGG5	广义伽马分布（generalized Gamma distribution）	3	多项式	$mu(t, 2)$, $sigma(t, 1)$, nu = Const.	2st order NS
51	fpGG6				$mu(t, 3)$, $sigma(t, 1)$, nu = Const.	2st order NS
52	fpGG7				$mu(t, 1)$, $sigma(t, 2)$, nu = Const.	2st order NS
53	fpGG8				$mu(t, 2)$, $sigma(t, 2)$, nu = Const.	2st order NS
54	fpGG9				$mu(t, 3)$, $sigma(t, 2)$, nu = Const.	2st order NS
55	csGU1	耿贝尔分布（Gumbel distribution）	2	非参数三次样条	$mu(t)$, sigma = Const.	1st order NS
56	csGU2				$mu(t)$, $sigma(t)$	2st order NS
57	csWEI1	韦布尔分布（Weibull distribution）	2	非参数三次样条	$mu(t)$, sigma = Const.	1st order NS
58	csWEI2				$mu(t)$, $sigma(t)$	2st order NS
59	csLOGNO1	对数正态分布（log-normal distribution）	2	非参数三次样条	$mu(t)$, sigma = Const.	1st order NS
60	csLOGNO2				$mu(t)$, $sigma(t)$	2st order NS
61	csGA1	伽马分布（Gamma distribution）	2	非参数三次样条	$mu(t)$, sigma = Const.	1st order NS
62	csGA2				$mu(t)$, $sigma(t)$	2st order NS
63	csLO1	逻辑斯谛分布（logistic distribution）	2	非参数三次样条	$mu(t)$, sigma = Const.	1st order NS
64	csLO2				$mu(t)$, $sigma(t)$	2st order NS
65	csGG1	广义伽马分布（generalized Gamma distribution）	3	非参数三次样条	$mu(t)$, sigma = Const., nu = Const.	1st order NS
66	csGG2				$mu(t)$, $sigma(t)$, nu = Const.	2st order NS

注：t 表示时间，NS 表示非一致性频率分析模型，mu 表示极值分布函数的位置参数，sigma 表示极值分布函数的尺度参数，nu 表示形状参数，Const.表示常量，1st order 表示一阶，2st order 表示二阶。

对于满足一致性假设的极端降水序列，采用 GAMLSS 模型框架中的一致性频率分析模型估计极端降水事件的重现期；对于非一致性极端降水序列，则采用 GAMLSS 模型框架中的非一致性频率分析模型估计极端降水事件的重现期。GAMLSS 模型在非一致性频率分析中得到了广泛的应用，与经典的广义线性模型（generalize linear model，GLM）相比，提供了更加灵活的分析框架[44, 51]。GAMLSS 模型假定自变量 y_i 满足分布函数 $F_y(y_i/\boldsymbol{\theta}_i)$，其中 $\boldsymbol{\theta}_i=(\theta_{i1}, \theta_{i2}, \cdots, \theta_{in})$ 是一个包括位置、尺度和形状参数的向量。通常情况下参数个数 p_i 小于或等于 4，因为 1～4 个分布参数保证了大多数极值分布函数能够较充分地拟合极值序列。当 $o=1, 2, \cdots, p_i$ 时，分布参数通过链接函数 $g_o(\cdot)$ 与协变量建立依赖关系：

$$g_o(\boldsymbol{\theta}_o) = \boldsymbol{X}_o\boldsymbol{\beta}_o + \sum_{j=1}^{m} \boldsymbol{h}_{jo}(\boldsymbol{X}_{jo}) \tag{6.1}$$

式中：$\boldsymbol{\theta}_o$ 为长度为 n_i 的参数向量；$\boldsymbol{X}_o$ 为一个 n_i 行 m_i 列的解释矩阵；$\boldsymbol{\beta}_o$ 为长度为 m_i 的参数向量；$\boldsymbol{h}_{jo}$ 为分布参数对解释矩阵 $\boldsymbol{X}_{jo}$ 的函数依赖关系。这种依赖关系可以是线性的和非线性的。极端降水一致性和非一致性频率分析模型框架如图 6.1 所示。

6.2.3　聚类分析

极端降水的长期趋势、突变特征及非一致性与大尺度环流有密切联系。不同区域大尺度环流特征差异较大，据此首先将整个中国区域划分为八个一级气候分区（图 1.1），分区依据来源于 Zhang 和 Lin[52]的研究，并由 Xiao 等[53]进一步验证一级气候分区的可靠性，再分别计算这八个一级气候分区的区域日平均降水量。其次，对气温、相对湿度、压力、经向风、纬向风和垂直风速日序列，在不降低原始数据变异性的前提下，采用主成分分析降低原始数据的维度[54]。以西部干旱区为例，该区域覆盖 84 个 2.5°×2.5° 网格，对每一个网格的这六个大尺度环境变量做归一化处理，以消除不同区域和不同变量间数值的量级差异。对于每一个大尺度环境变量，可获得一个归一化的 19 723×84 矩阵，19 723 为 1961～2014 年的总天数，84 为覆盖这一区域的栅格数量。将这六个大尺度环境变量的归一化矩阵按列合并成一个 19 723×504 矩阵，作为主成分分析的输入数据，进行主成分分析，所选主成分必须能解释总方差的 95% 以上。再次采用 k 均值聚类（k-means clustering）分析方法对主成分输出的结果进行聚类分析。k 均值聚类分析方法用于将若干个观察值划分为 k 类，是一种客观的无监督的聚类分析方法。k 均值聚类分析方法将这八个大尺度环境变量的主成分代表的每日大气环流模式划分为几类大气环流类型。最后，采用邓恩（Dunn）指数确定 k 均值聚类分析方法的最佳分类个数[55]。完成上述步骤后，将各一级气候分区的区域平均日降水量分为两个时间段，即 1961～1987 年和 1988～2014 年，分别计算每个一级气候分区 k 均值聚类分析方法不同分类下不同分位数的区域平均日降水量。同一分类下的大气环流模式是相似的，这两段时期不同分位数的区域日平均降水量的差异可归因于城市化的作用[11]。

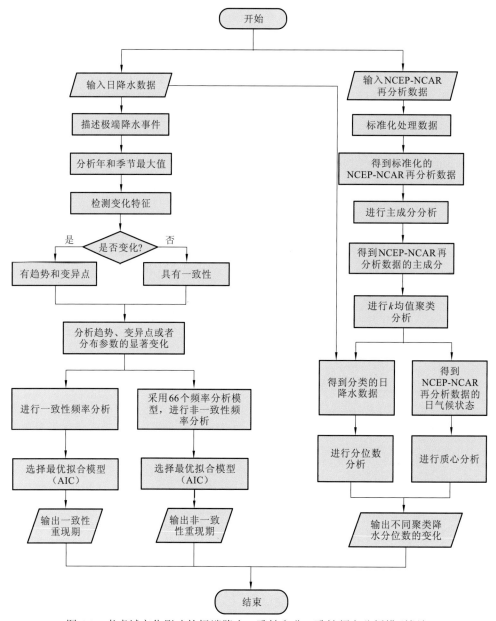

图 6.1   考虑城市化影响的极端降水一致性和非一致性频率分析模型框架

6.3   城市化对极端降水长期趋势的影响

根据中国城市化发展的进程，1961～2014 年可划分为两个时间段：1987 年以前（即 1961～1987 年）为低水平城市扩张时期；1987 年以后（即 1988～2014 年）为快速城市化时期。对中国季节平均极端降水趋势进行分析表明，1987 年以前和 1987 年以后的极端降水趋势在乡村地区、正在城市化地区和城市地区有相似的模式，如图 6.2 所示。然而，不同季节存在一定的差异，具体而言，春季和冬季乡村地区、正在城市化地区与城市地区在两个时期的平均极端降水均呈增加趋势，秋季在 1987 年以前到 1987 年以后存在从下降到增加趋势转变的现象。因此，所有乡村地区、正在城市化地区和城市地区的年与季节平均极端降水在 1987 年以后均呈现上升趋势。这一显著的上升趋势可能是由于全球气候变暖导致了极端降水的增加[3, 8, 34]。然而，对乡村地区、正在城市化地区和城市地区之间平均极端降水上升趋势的斜率进行对比，发现其斜率没有显著差异，这一对比结果表明城市化对 1987 年后年和季节平均极端降水增加趋势的影响是相对有限的。

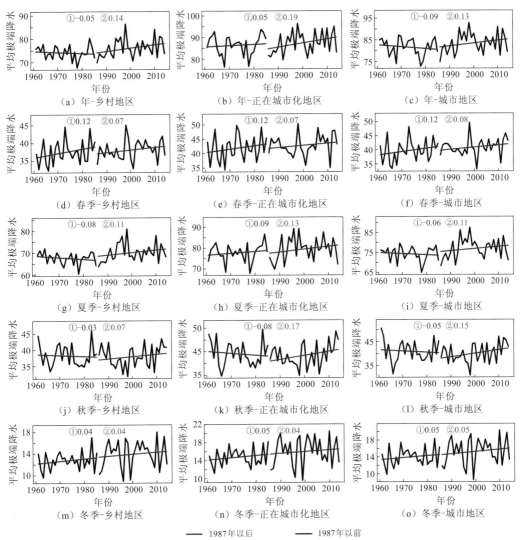

图 6.2　中国乡村地区、正在城市化地区和城市地区的站点全国年和季节平均极端降水的变化特征

①为 1961～1987 年的变化率，②为 1988～2014 年的变化率

在 0.05 显著性水平下，对中国区域各降水站点在 1987 年前后季节极端降水的趋势进行分类：增加趋势、减少趋势和趋势方向相反三种类型（图 6.3）。全国 90% 以上的站点在 1987 年前后的年和季节极端降水趋势上无显著变化。在 1987 年以前的时间段，年

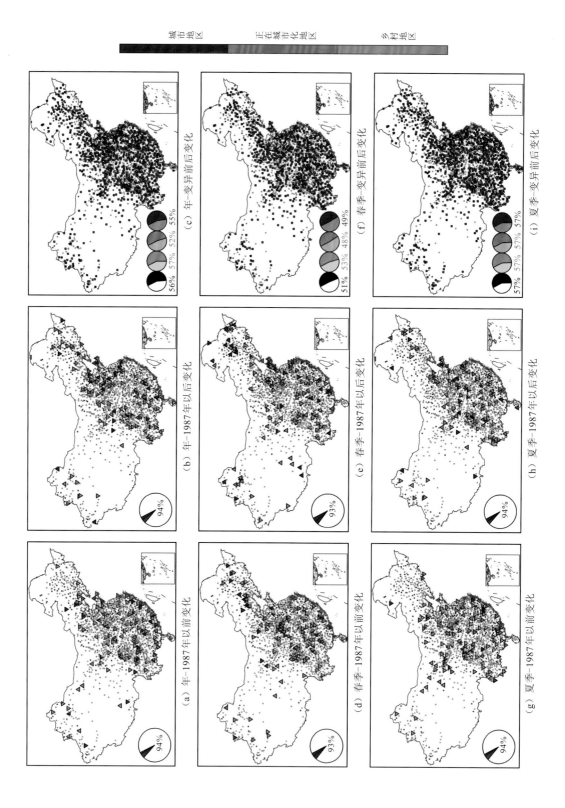

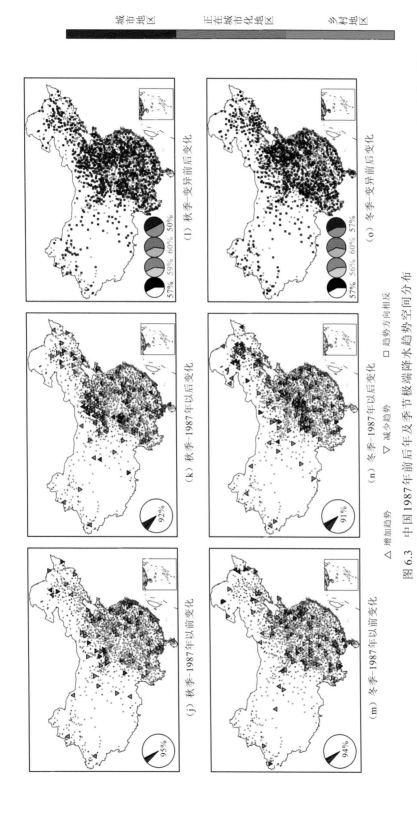

图 6.3　中国 1987 年前后年及季节极端降水趋势空间分布

饼状图中第一列和第二列中的蓝色、红色和白色分别表示所有站点、正在经历城市化的站点和已经城市化的站点；第三列中的黑色、绿色、橘色和红色分别表示极端降水呈增加趋势、减少趋势和趋势方向相反的站点占总站点数的比例；第三列中趋势方向相反的站点中在 1987 年前后两个时期极端降水趋势方向相反的站点所占的比例

和季节极端降水存在明显趋势站点的空间分布较为分散，不存在明显的空间聚集模式。与 1987 年以前相比，1987 年以后具有显著趋势的站点在空间分布上较为集中，存在一定的空间聚集模式。其空间聚集模式以秋季和冬季最为显著，秋季以上升趋势为主的站点主要集中在中国北部地区，而在冬季以减少趋势为主的站点主要集中在西南-中部地区。此外，存在显著变化趋势的站点主要位于乡村地区，这一结果表明大规模季节性区域天气变化会导致乡村地区的极端降水发生显著变化。相反，在城市地区，如华北、华东、东南地区，1987 年以后没有检测到具有显著趋势的站点聚集现象，则可以表明极端降水趋势在空间分布上不存在明显的城市化特征。

进一步统计分析了 1987 年前后区域不同类型站点的趋势情况，确定各站点的增加或减少趋势，结果如图 6.3（c）、（f）、（i）、（l）和（o）所示。1987 年前后乡村地区、正在城市化地区和城市地区站点在不同季节的趋势类型百分比（不存在相似性的站点的百分比）总体上几乎相同（57%左右）。1961～2014 年年和季节极端降水趋势变化分析表明，少数站点具有显著趋势且具有明显的空间异质性（图 6.4），这一结果与 Yang 等[16]的研究一致。突变点分析表明，城市地区站点年和季节极端降水的趋势变化方向在突变点前后的时间段不存在明显的变化，这一现象与 Gu 等[48]的研究结果一致（图 6.4）。

以上分析仅能从有限的证据表明城市化对年和季节极端降水的长期趋势存在影响。因此，采用一致性频率分析方法估计 50 年一遇极端降水量级，并比较 1987 年前后两段时期极端降水量级的变化，分析城市化对极端降水量级是否存在显著影响（图 6.5）。1987 年后相对于 1987 年前，50 年一遇极端降水量级增加和减少的站点占总站点的比例均在 50%左右，而且这一比例在乡村地区、正在城市化地区和城市地区站点保持一致，表明整体上城市化对极端降水量级的影响并不显著。然而，50 年一遇极端降水量级变化的空间分布表现出明显的区域特征，年和季节极端降水增加的站点主要集中在华南和西北地区，极端降水减少的站点主要集中在华北地区。在乡村地区、正在城市化地区和城市地区站点中也检测到类似的空间分布格局，这一现象表明，极端降水量级的变化主要受到大尺度大气环流的影响，受城市化影响并不显著。

50 年一遇极端降水量级的估计受到统计分布拟合的影响，因此采用自助抽样方法来评估 50 年一遇极端降水量级变化的显著性水平。分别对 1987 年前后两个时间段重采样 1000 次，估计 50 年一遇极端降水量级，求取其 60%的置信区间。如果这两个时间段估计的 50 年一遇极端降水量级的 60%置信区间不重合，则极端降水量级的变化具有统计学上 20%的显著性，结果如图 6.6 所示。年和季节 50 年一遇极端降水量级增加或减少的站点占总站点数的 30%左右，而且这一比例在乡村地区、正在城市化地区和城市地区站点保持一致。在全国尺度上，年和季节极端降水的变化也没有体现出明显的城市化特征。正在城市化地区和城市地区站点的趋势变化不存在显著的聚类现象，但华北地区的站点趋向于呈增加趋势，而华南地区的站点趋向于减少趋势。城市地区极端降水变化并不是总呈现如 Kishtawal 等[56]所假设的增加趋势，其趋势变化可能还取决于地理位置、水汽条件、季风、热带气旋等区域特征。

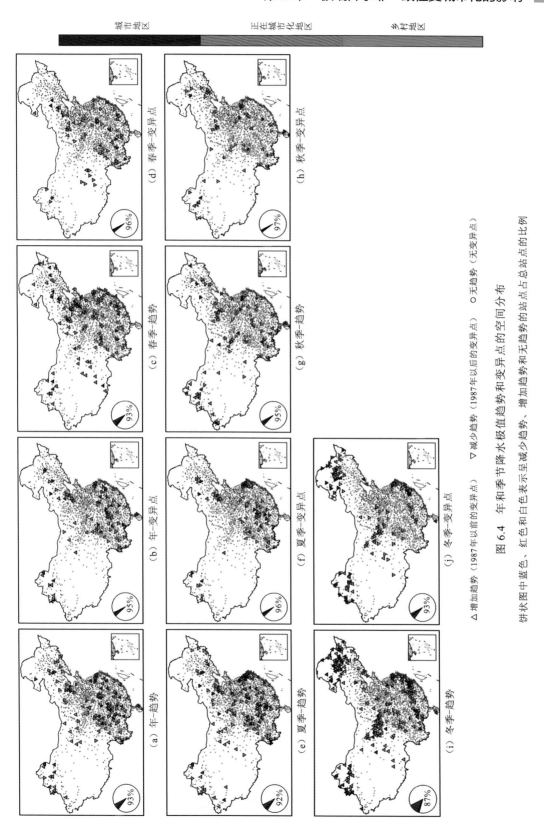

图 6.4　年和季节降水极值趋势和变异点的空间分布

饼状图中蓝色、红色和白色表示呈增加趋势、减少趋势和无趋势的站点占总站点的比例

△增加趋势（1987年以前的变异点）　▽减少趋势（1987年以后的变异点）　○无趋势（无变异点）

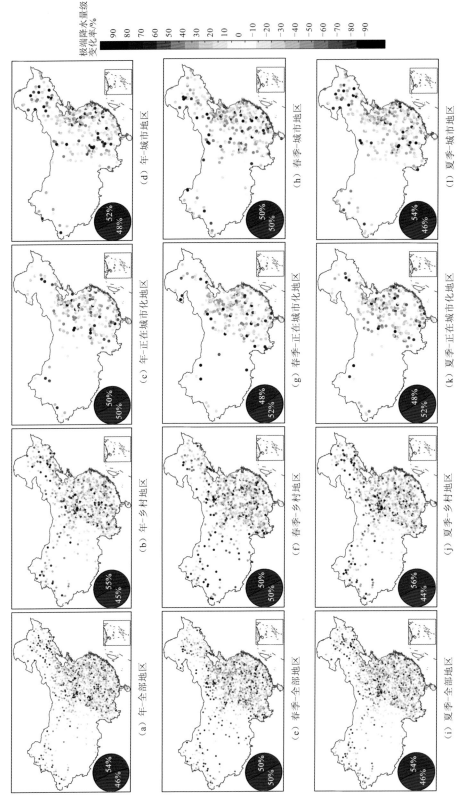

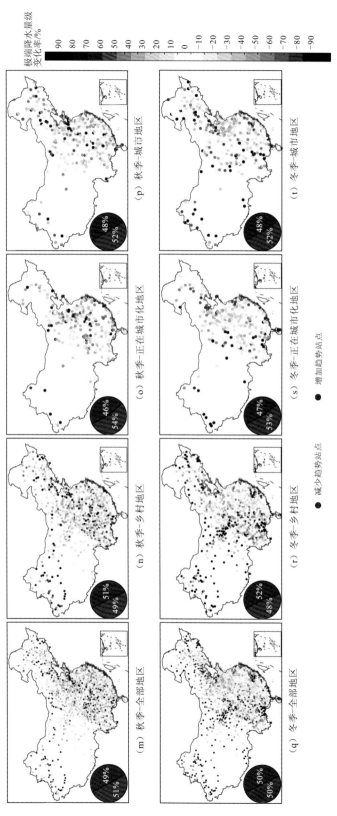

图 6.5 乡村地区、正在城市化地区和城市地区站点在1987年前后两段时期年和季节50年一遇极端降水量级变化率的空间分布

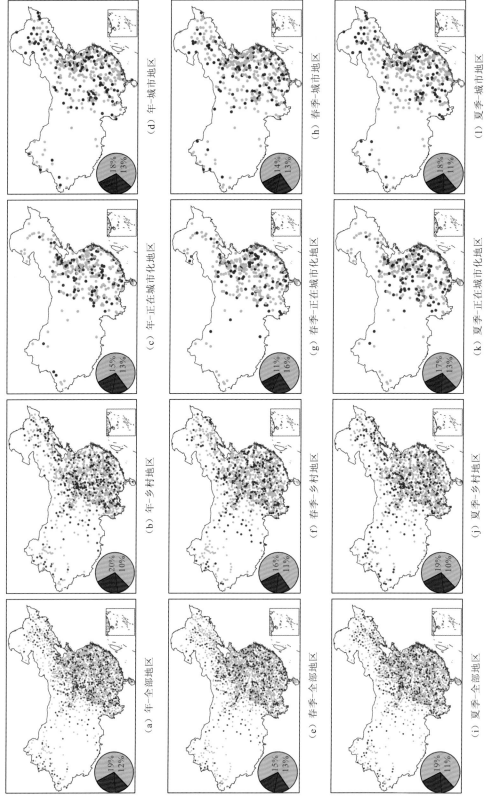

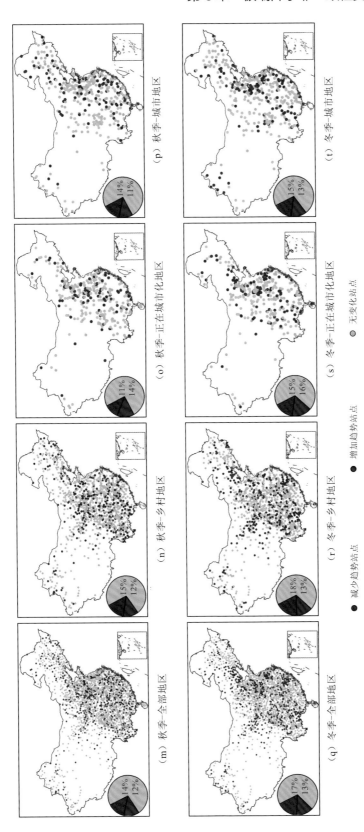

图 6.6 中国乡村地区、正在城市化地区和城市地区站点在 1987 年前后两段时期年和季节 50 年一遇极端降水量级变化的显著性分布

(m) 秋季—全部地区 (n) 秋季—乡村地区 (o) 秋季—正在城市化地区 (p) 秋季—城市地区

(q) 冬季—全部地区 (r) 冬季—乡村地区 (s) 冬季—正在城市化地区 (t) 冬季—城市地区

● 减少趋势站点 ● 增加趋势站点 ● 无变化站点

6.4 城市化对极端降水非一致性频率分析的影响

采用趋势分析、突变点分析和自助重采样法来检测年和季节极端降水的非一致性，如图 6.7 所示。只有少量的站点年和季节极端降水不满足一致性假设。具体而言，仅有 10%的站点表现出明显的非一致性，其中约 20%的站点集中在冬季。在这些非一致性

○ 极端降水非一致性站点

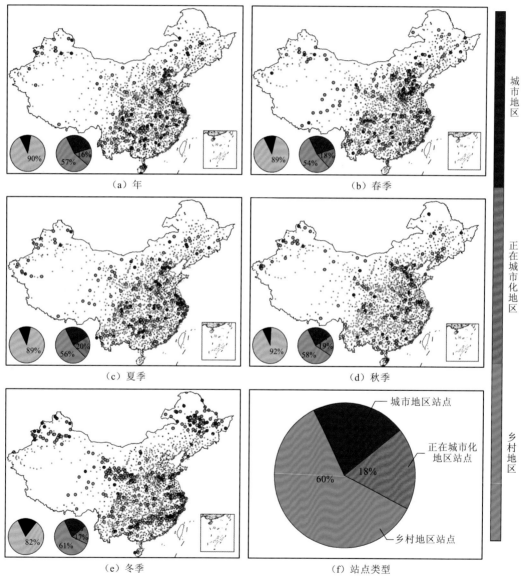

图 6.7　中国年和季节极端降水非一致性站点的空间分布

黑灰色饼状图中黑色和白色分别表示极端降水非一致性和一致性的站点占总站点数的比例；绿橘红色饼状图中绿色、橘色和红色表示极端降水非一致性的站点分别位于乡村、正在城市化和已经城市化的区域的比例

的站点中，乡村地区、正在城市化地区和城市地区站点所占比例分别为 60%、18%和 22%[图 6.7（f）]，这一比例与乡村地区、正在城市化地区和城市地区站点占总站点的比例基本一致。因此，难以确定城市化是造成年和季节极端降水非一致性的主要因素。然而，在华北和华东两个城市化水平较高的特定区域，非一致性站点更倾向于出现在正在城市化地区和城市地区，尤其是春季和夏季极端降水。因此，城市化对极端降水的非一致性的影响在区域尺度上更为显著。

依据表 6.1 建立的 66 个频率分析模型对年和季节极端降水进行非一致性频率分析，并利用 AIC 和蠕虫图挑选最优拟合模型（图 6.8）。在非一致性站点中，约 80%和 20%的站点分别采用一阶与二阶非一致性模型，表明耦合建立一阶和二阶非一致性模型非常重要。两组代表性的最优拟合模型分别为一阶和二阶非一致性模型的站点被挑选出来评价本章提出的非一致性模型框架的合理性。在 30 年滑动窗口中分别计算非一致性模型中的极值分布函数的位置和尺度参数，然后绘制这两个参数的变化。在 1961～1985 年、1975～2000 年和 1986～2014 年三个时期绘制极值分布函数的概率密度函数。结果表明位置参数和尺度参数随着滑动窗口的变化发生明显变化，且概率密度函数在以上三个时期也发生了较大改变。这些结果说明本章提出的非一致性模型框架具有较好的灵活性，能够充分模拟极端降水的非一致性特征。

采用非一致性模型和一致性模型分别估计 50 年一遇极端降水极值并比较它们的差异（图 6.9）。除秋季外，在非一致性站点中，超过 50%的站点非一致性模型估计的年和季节极端降水极值高于一致性模型估计的值，认为非一致性模型估计结果暗示着 50 年一遇极端降水发生得更为频繁。乡村地区、正在城市化地区和城市地区站点一致性模型和非一致性模型估计的 50 年一遇极端降水极值差异的中位数值显示正在城市化地区站点的差异量级明显高于乡村地区站点和城市地区站点。

从中国不同位置分别挑选出 5 个隶属于乡村地区、正在城市化地区和城市地区的站点作为示例站点（图 6.10），用非一致性模型和一致性模型估计年和季节 50 年一遇极端降水极值，并比较其差异（图 6.11）。采用蠕虫图验证非一致性模型和一致性模型对这 15 个示例站点年和季节极端降水的拟合优度（图 6.12），结果显示本章提出的模型框架能够很好地拟合降水极值序列。这 15 个示例站点同样显示非一致性模型和一致性模型模拟的 50 年一遇极端降水极值有较大差异（图 6.11）。非一致性模型和一致性模型模拟的正在城市化地区 50 年一遇极端降水极值差异的比例分别为 25%、−23.5%、22.9%、19.9%和 12%，高于或者接近城市地区和乡村地区站点差异的百分比（图 6.11）。

由于城市化对极端降水极值的影响在区域尺度上更为显著，采用非一致性模型和一致性模型估计不同气候分区乡村地区、正在城市化地区和城市地区站点极端降水极值的区域平均值的重现期，并选择华北区域作为示例区域（图 6.13）。城市化对华北区域极端

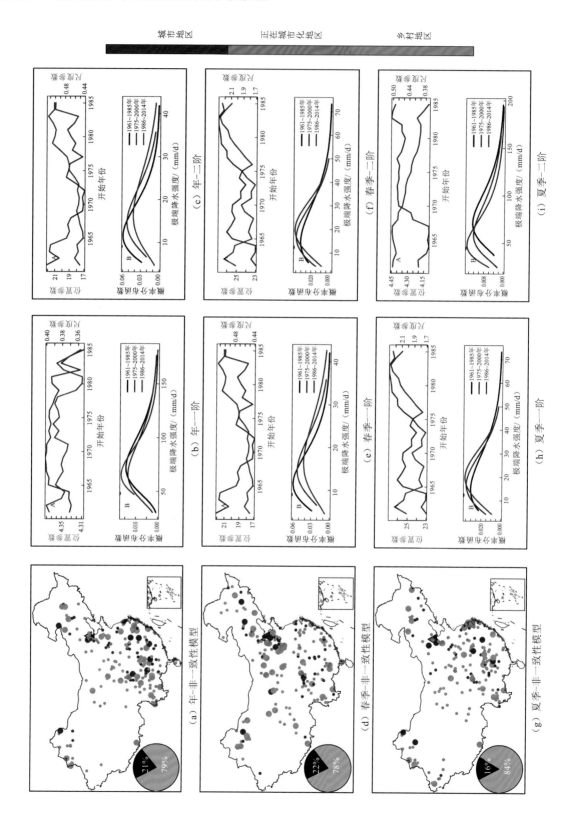

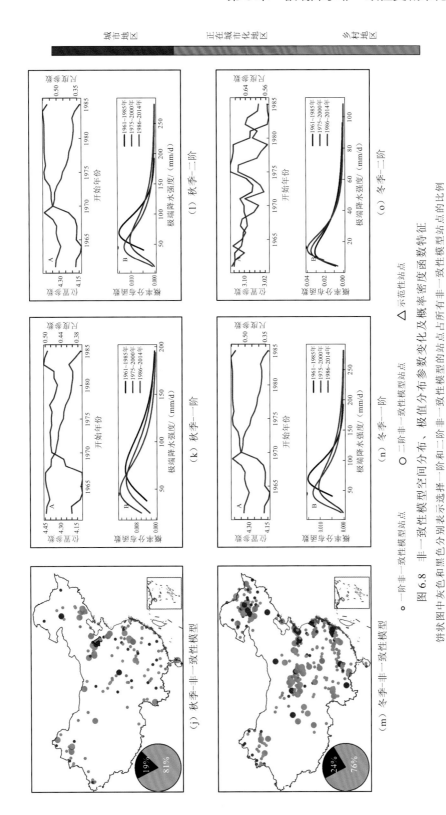

图 6.8　非一致性模型空间分布、极值分布参数变化及概率密度函数特征

饼状图中灰色和黑色分别表示选择一阶和二阶非一致性模型的站点占所有非一致性模型站点的比例

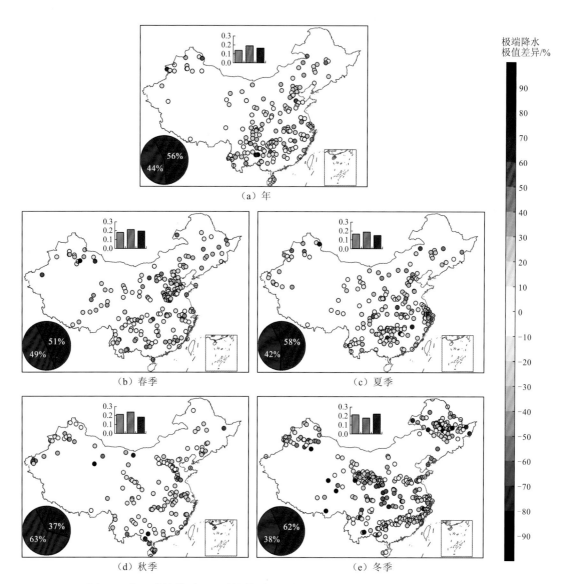

图 6.9　非一致性模型和一致性模型估计的 50 年一遇极端降水极值的差异分布

饼状图中红色（蓝色）表示非一致性模型高于（低于）一致性模型估计的 50 年一遇极端降水极值的站点比例。条形
图中的绿色、橘色和红色分别表示乡村地区、正在城市化地区和城市地区站点的非一致性模型和一致性模型估计的
50 年一遇极端降水极值差异的中位数

降水极值有显著的影响（图 6.7），且大部分非一致性的站点发生在正在城市化地区和城
市地区（图 6.14）。正在城市化地区站点的极端降水区域平均值的重现期在非一致性模型
和一致性模型中有显著的差异，而且差异大小明显高于乡村地区和城市地区站点。这一
特征尤其体现在年极端降水上。这些结果表明由乡村到城市过渡的城市化进程是导致极
端降水呈现非一致性的重要原因。

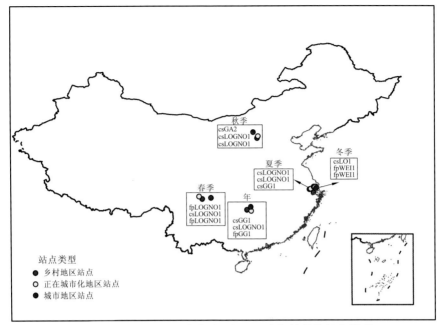

图 6.10　15 个示例站点的地理位置及选择的最优拟合模型

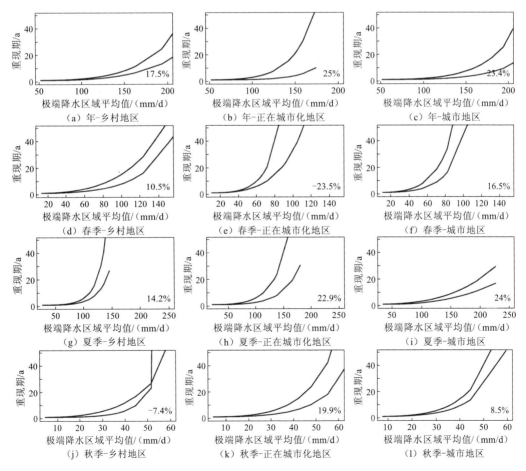

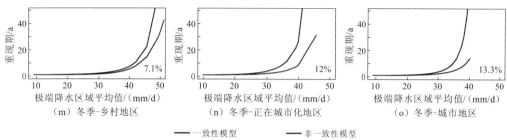

图 6.11　15 个示例站点年和季节极端降水一致性模型和非一致性模型估计的重现期

黑色百分比表示一致性模型和非一致性模型估计的重现期的差异

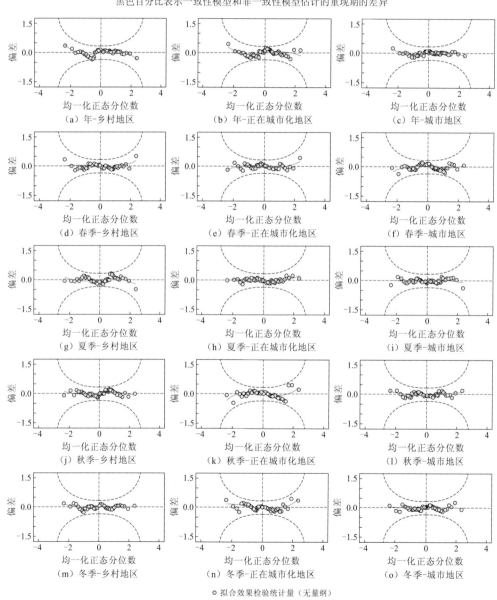

图 6.12　15 个示例站点非一致性模型和一致性模型拟合优度验证蠕虫图

所有黄色圆点位于 95%置信区间范围（黑色虚线）内表示模型拟合优度较好

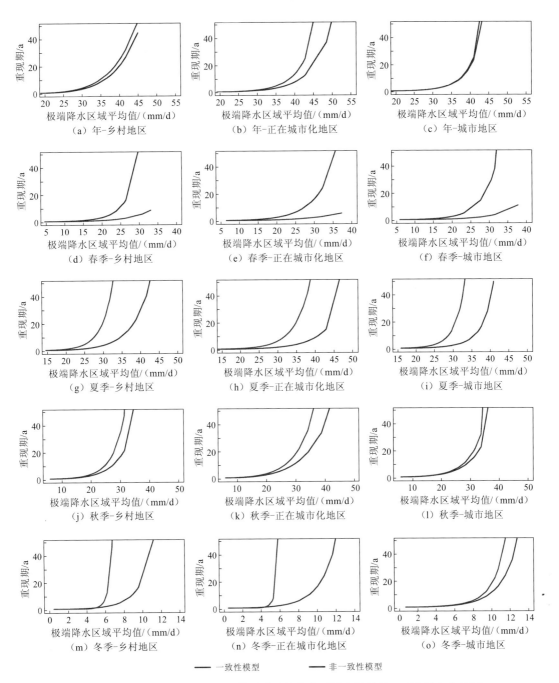

图 6.13　非一致性模型和一致性模型估计的华北区域乡村地区、正在城市化地区和城市地区站点极端降水区域平均值的重现期特征

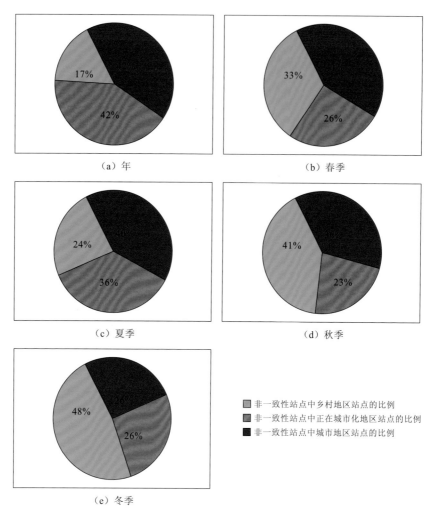

图 6.14　华北区域年和季节极端降水非一致性站点中乡村地区、正在城市化地区
和城市地区站点的比例

6.5　城市化对极端降水影响的识别

　　尽管可以在城市地区的站点检测到极端降水的非一致性，但尚不能确定这种非一致性主要是由城市化，还是由大尺度环流模式的变化引起的。为了进一步探究明确的原因，基于 ERA-Interim 再分析数据，采用 k 均值聚类分析方法依据六个大尺度环境变量，对不同的气候分区日降水量进行聚类分析，并采用邓恩指数确定最优聚类数量（表 6.2）。气候分区 I～VIII 的最优聚类数量分别为 5、4、4、2、5、3、2 和 2。因此，对于每个气候分区最优聚类数量为 2，大尺度环境变量气温、压力、相对湿度、经向风、纬向风、垂直风速的聚类 1 和 2 的质心如图 6.15 所示。同一大尺度环境变量不同聚类质心空间分布存在明显的差异，表明聚类分析对于理解存在的不同环流模式具有重要作用。

表 6.2　基于 ERA-Interim 再分析数据每个气候分区不同聚类数量的邓恩指数

邓恩指数	$k = 2$	$k = 3$	$k = 4$	$k = 5$	$k = 6$
区域 I	0.171 3	0.157 4	0.158 9	**0.174 2**	0.162 0
区域 II	0.191 4	0.205 6	**0.214 0**	0.210 4	0.183 7
区域 III	0.206 2	0.214 7	**0.229 8**	0.210 6	0.231 0
区域 IV	**0.129 2**	0.119 0	0.119 0	0.111 4	0.125 9
区域 V	0.126 9	0.129 4	0.139 1	**0.144 8**	0.132 4
区域 VI	0.135 2	**0.135 4**	0.135 2	0.114 0	0.115 1
区域 VII	**0.106 9**	0.103 9	0.104 6	0.097 1	0.097 5
区域 VIII	**0.072 9**	0.071 2	0.061 7	0.071 1	0.071 0

注：加粗数字为每个气候分区最大的邓恩指数；k 为 k 均值聚类分析方法中聚类的个数。

为了理解城市化对极端降水的影响，基于 ERA-Interim 再分析数据的长度，将各气候分区的区域平均日降水数据分别划分为 1979～1996 年和 1997～2014 年两个相等时间长度的序列。每一个气候分区聚类分析得到的大气环流模式类别的比例在这两个时期没有明显的差别（图 6.16）。然后分别计算聚类 1 和聚类 2 在每个时间序列期内 75%～99%的分位数，结果分别如图 6.17 和图 6.18 所示。由于对大尺度环流模式进行了有效控制，这两个时期聚类 1 和聚类 2 日降水量的分位数差异很有可能是由城市化引起的[11]。

在聚类 1 中，城市化和城市地区站点的高分位数（对应的日平均降水量大于 90%分位数）差异仅在区域 I、III、IV 和 VII 出现，而这些区域的乡村地区站点的高分位数差异并不明显（图 6.17）。在这几个区域中，区域 IV 和 VII 是城市化程度最高的两个区域，覆盖了我国经济最发达的地区，包括北京、江苏、浙江和上海等地。此外，区域 VII 聚类 1 大尺度环境变量质心空间分布显示，垂直风速较低,有利于 UHI 效应的形成和发展[57]。与此同时，高压的气候条件为城市热岛效应的影响也提供了有利的环境条件[58]。

在聚类 2 中，区域 I 是唯一一个日平均降水量高分位数在这两段时期存在明显差异的区域，而且这一差异主要集中在正在城市化地区站点，而不是乡村地区站点，具体如图 6.18 所示。在大多数分区中，乡村地区、正在城市化地区和城市地区站点的高分位数值在这两段时期几乎没有差异。在对大尺度环流模式进行有效控制的情况下，城市地区站点日平均降水量分位数的变化主要受到城市化等局部特征的影响。

进一步使用 NCEP-NCAR 再分析数据验证 ERA-Interim 再分析数据的结果。NCEP-NCAR 再分析数据的时间段为 1961～2014 年，因此将其划分为 1961～1987 年和 1988～2014 年两个时间段。同样地，采用 k 均值聚类分析方法对 NCEP-NCAR 再分析数据的六个大尺度环境变量进行聚类分析，见表 6.3。

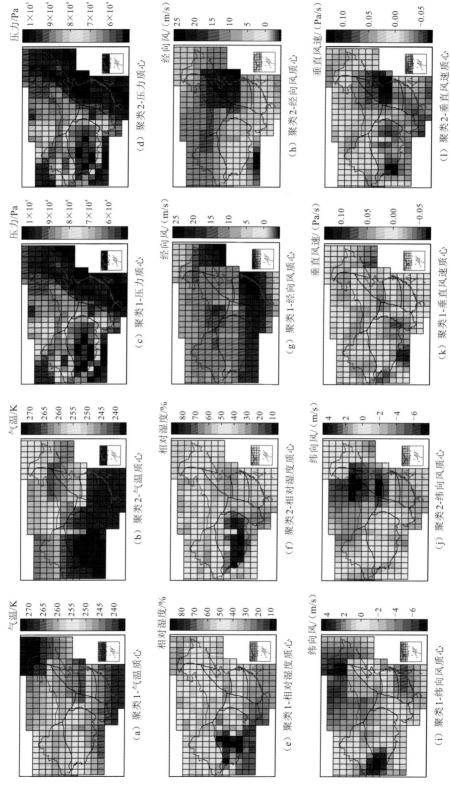

图 6.15 中国各气候分区大尺度环境变量聚类 1 和 2 的质心空间分布

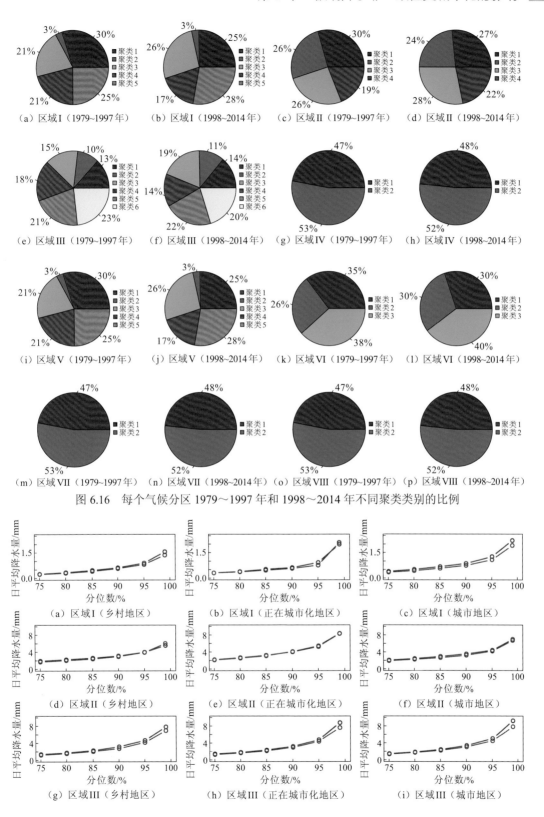

图 6.16　每个气候分区 1979～1997 年和 1998～2014 年不同聚类类别的比例

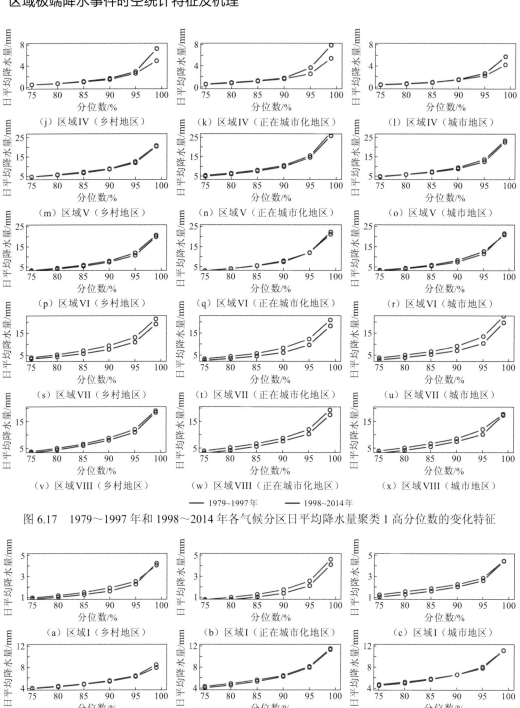

图 6.17　1979～1997 年和 1998～2014 年各气候分区日平均降水量聚类 1 高分位数的变化特征

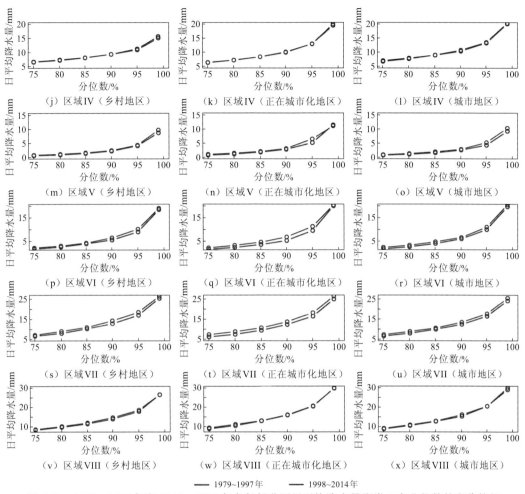

图 6.18　1979~1997 年和 1998~2014 年各气候分区日平均降水量聚类 2 高分位数的变化特征

表 6.3　基于 NCEP-NCAR 再分析数据每个气候分区不同聚类数量的邓恩指数

邓恩指数	$k=2$	$k=3$	$k=4$	$k=5$	$k=6$
区域 Ⅰ	**0.179 5**	0.168 7	0.165 0	0.166 1	0.175 1
区域 Ⅱ	0.169 7	0.151 1	0.138 0	**0.169 9**	0.152 6
区域 Ⅲ	**0.202 7**	0.195 7	0.183 0	0.195 7	0.183 0
区域 Ⅳ	**0.156 5**	0.150 3	0.132 5	0.131 4	0.132 5
区域 Ⅴ	**0.175 4**	0.143 5	0.161 8	0.150 8	0.138 4
区域 Ⅵ	**0.133 4**	0.108 7	0.130 1	0.111 5	0.109 5
区域 Ⅶ	0.080 9	0.085 0	**0.105 4**	0.083 8	0.081 5
区域 Ⅷ	**0.125 1**	0.099 9	0.101 5	0.101 0	0.101 9

注：加粗数字为每个气候分区最大的邓恩指数；k 为 k 均值聚类分析方法中聚类的个数。

  根据表 6.3 的聚类结果，比较乡村地区站点、正在城市化地区站点和城市地区站点 1961～1987 年和 1988～2014 年两段时期日平均降水量高分位数的差异（图 6.19 和图 6.20）。在聚类 1 中，区域 I、II 和 VII 正在城市化地区站点和城市地区站点日平均降水量高分位数有明显的差异，这一结果与 ERA-Interim 再分析数据获取的结果相似（图 6.19）。

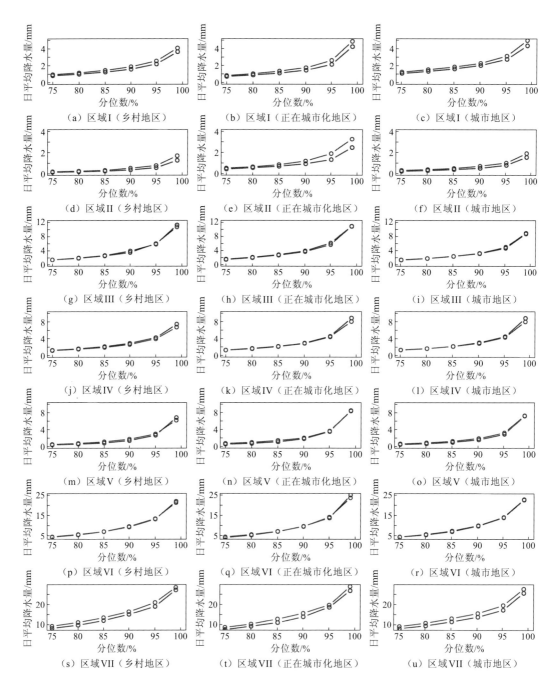

（a）区域 I（乡村地区） （b）区域 I（正在城市化地区） （c）区域 I（城市地区）

（d）区域 II（乡村地区） （e）区域 II（正在城市化地区） （f）区域 II（城市地区）

（g）区域 III（乡村地区） （h）区域 III（正在城市化地区） （i）区域 III（城市地区）

（j）区域 IV（乡村地区） （k）区域 IV（正在城市化地区） （l）区域 IV（城市地区）

（m）区域 V（乡村地区） （n）区域 V（正在城市化地区） （o）区域 V（城市地区）

（p）区域 VI（乡村地区） （q）区域 VI（正在城市化地区） （r）区域 VI（城市地区）

（s）区域 VII（乡村地区） （t）区域 VII（正在城市化地区） （u）区域 VII（城市地区）

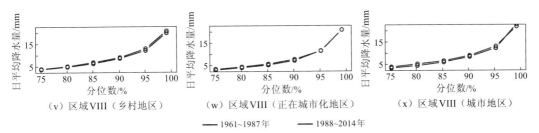

图 6.19　1961～1987 年和 1988～2014 年各气候分区日平均降水量聚类 1 高分位数的变化特征

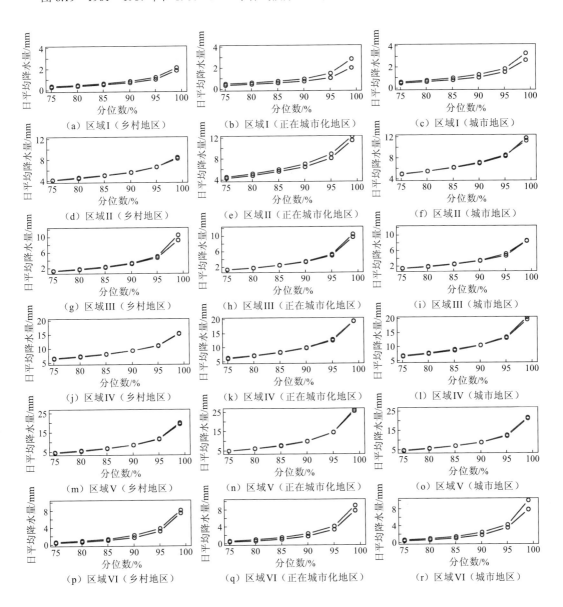

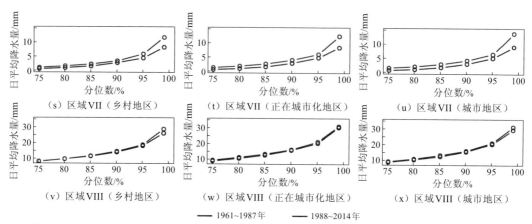

图 6.20 1961～1987 年和 1988～2014 年各气候分区日平均降水量聚类 2 高分位数的变化特征

同样地，基于 NCEP-NCAR 再分析数据，在聚类 2 中，也可以得到与 ERA-Interim 再分析数据相似的聚类 2 结果（图 6.20）。区域 VI 是唯一一个日平均降水量高分位数值在这两段时期存在明显差异的区域，而且这一差异主要集中在正在城市化地区站点，而不是乡村地区站点，具体如图 6.20 所示。总而言之，ERA-Interim 和 NCEP-NCAR 再分析数据的结果均表明，城市对极端降水特征的影响在国家尺度上不显著，但在区域尺度上相对显著。

6.6 本 章 小 结

如图 6.3 和图 6.4 所示，由于大部分站点的极端降水在 1961～1985 年、1986～2014 年和 1961～2014 年三个时期没有检测出显著的趋势性或变异点，目前仍然难以确定年和季节极端降水存在一致性的气候变化信号和城市影响信号。这一结果与以往的研究[16, 48]存在较好的一致性。此外，如图 6.5 和图 6.6 所示，50 年一遇年和季节极端降水在空间分布上呈现出明显的区域空间模式，这一结果也与之前的研究一致[18, 26, 59-60]。具体而言，Yang 等[26]、Guan 等[60]、Chen 和 Sun[61]的研究结果表明，1987 年后中国东北、华南和西北地区年极端降水呈增加趋势。中国极端降水的产生机制多种多样，如热带气旋、对流、雷暴、锋面通道和海面温度（sea surface temperature，SST）异常等均可影响产生极端降水的水汽输送[62]。目前已有研究大多将极端降水的变化归因于全球变化，如 SST 异常和全球变暖[59, 61, 63-65]。Chen 和 Sun[61]进一步指出，人类活动导致的气候变暖已导致日极端降水量增加了约 13%。由于中国城市面积仅占国土面积的 0.7%[65]，结合以往的有关研究成果，可以认为大尺度环流模式是影响中国极端降水长期变化的主导因素。Yang 等[66]也表明气候变暖对北京总热负荷的贡献超过 80%，城市化的贡献不超过 20%。

然而许多研究进一步指出城市地区的气候（如温度、降水）与邻近的郊区存在显著的差异[21-24]。城市化通过改变城市表面粗糙度、UHI 效应、风和气溶胶来影响区域降水模式和极端降水[67]。城市化导致在中国北方的一些地区极端降水呈现非一致性，如图 6.7

所示。在控制大尺度环流模式的情况下，华北和华中地区（区域 VI 和 VII）的正在城市化地区和城市地区站点存在明显的高分位数值差异，而在乡村地区站点则不存在这一差异现象，如图 6.17 和图 6.18 所示。出现差异的这两个地区均是中国城市化水平最高的地区，且城市化对这两个地区的城市（如北京和上海）极端降水有显著的影响[23, 26]。本章的研究结果与之前的研究结果一致，并进一步强调了一致性模型和非一致性模型估计的极端降水重现期差异在正在城市化地区站点比乡村地区和城市地区站点更为明显（图 6.9 和图 6.13）。已经高度发生的城市极端降水并非一定发生显著变化，因为已经非常成熟的城市并不会导致 LULC 发生实质性变化，且城市高度发展后，城市化进程将会比较缓慢，LULC 几乎保持不变，对局部大气环流模式的影响趋于稳定，导致极端降水形成新的平衡状态，不再发生较大变化[68]。然而，在正在城市化地区，城市的快速扩张将导致 LULC 的快速变化，而 LULC 的快速变化可能会引起局部环流的巨大变化，进而导致极端降水发生较大改变。

　　影响城市地区降水的物理过程十分复杂，对其进行研究仍然面临着巨大的挑战。导致城市降水发生变化的城市大气环流主要受土地覆盖和城市气溶胶的影响。土地覆盖和城市气溶胶对城市降水变化的影响可能会随着城市化程度的不同而发生变化，且对城市化程度十分敏感[18]。以北京为例，实测数据已证实城市化是导致北京强降水变化的一个重要因素[26]。城市化通过影响地表气温、地表气压、相对湿度和近地表风向（如改善日温和气压循环），调节局部水循环，改变北京的降水过程[26]。城市表面粗糙度增强了大气辐合作用，从而增加了大气的垂直运动，导致了降水的增加[69]。同时，城市人口生活产生的气溶胶也增加了云凝结核，有助于降水的形成[70]。随着过去几十年北京的扩张、摩天大楼的出现、人口的增加、工厂活动的增多，城市郊区不断向城市市区转化，导致地表粗糙度和城市气溶胶不断增加，也不断改变着城市的降水特征。但是，当北京扩展到一定程度后，表面粗糙度和城市气溶胶将不再增加，可能使大气和降水特征再次稳定[18, 71]。

　　Wang 等[65]的研究指出，考虑到城市化效应的空间尺度，UHI 效应对整个中国气候的贡献（通常小于 1%）可以忽略不计。Yang 等[26]利用高密度网格站点获取的每小时地面空气和降水数据，分析探讨了北京城区短时强降水与城市化的关系，结果表明两者最强的关联存在于中心城区或临近中心城区的区域。Paul 等[72]进一步指出，基于实测数据研究城市化对极端降水的影响，只能在降水强度较大的城市中心区域，但是城市化对极端降水的影响信号并不是均匀分布的，而是在少数具有较大空间变异性的区域更加显著。一方面，边界层区域存在的不稳定条件加强了降水，而这种不稳定性并不在城市的任何地区都很明显。数值模拟结果表明，部分城市地区的上升气流和下降气流显著触发降水的不稳定性[72]。另一方面，气溶胶是影响城市降水的另一个重要因素。气溶胶增加对城市上游和下游地区降水过程的影响也可能导致极端降水的空间差异性增加。以北京为例，气溶胶的增加可以减弱（增强）北京上游（下游）区域的对流和降水[73]。城市对降水极值影响信号的空间差异性对降水极值非一致性的作用需要进一步开展研究。

　　根据 LULC 的数据，降水站点分为三类：乡村地区站点、正在城市化地区站点和城市地区站点。采用趋势、突变点和 GEV 分布去检测与分析这三类站点的极端降水非一致性。1961～2014 年的降水数据被划分为两个时期：1961～1987 年，低城市化发展时期；1988～2014 年，快速城市化发展时期。这两个时期的极端降水长期趋势和 50 年一遇重现期的变化用于分析城市化对极端降水的影响。研究结果表明城市化对中国极端降水的长期趋势影响较为微弱：①年和季节极端降水区域平均值在乡村地区站点、正在城市化地区站点和城市地区站点间没有明显的差异；②乡村地区站点、正在城市化地区站点、城市地区站点的年和季节极端降水的趋势变化具有相似的空间分布；③具有显著趋势的站点表现出区域聚集特征，如秋季极端降水呈显著趋势的站点集中在中国北部地区而冬季集中在中国西南-中部地区,这些区域聚集的显著变化的极端降水主要受到天气尺度或者大尺度大气环流的影响，并不受到局地城市化的控制；④突变点分析结果显示正在城市化地区站点和城市地区站点的降水极值在变异点前后趋势方向没有发生显著变化；⑤乡村地区站点、正在城市化地区站点和城市地区站点 50 年一遇极端降水极值变化的空间分布特征具有较高的相似性。

本章提出了 66 个基于 GAMLSS 模型的非一致性频率分析模型，分析城市化对年和季节极端降水非一致性的影响。该模型框架能够有效模拟极端降水的线性和非线性特征。只有 10%左右的站点年和季节极端降水表现出显著的非一致性，其中冬季极端降水呈现非一致性的站点比例达到 18%。在这些非一致性站点中，约有 20%的站点适用于二阶非一致性模型，表明了耦合一阶和二阶非一致性模型对开展极端降水非一致性频率分析的重要性。

非一致性模型模拟结果表明，极端降水极值非一致性特征在区域尺度上比在全国尺度上更为显著。尽管乡村地区、正在城市化地区和城市地区非一致性站点的百分比几乎与乡村地区、正在城市化地区和城市地区站点占站点总数的百分比一致，但非一致性往往发生在一个特定地区的正在城市化地区和城市地区站点。例如，华北和华东两个城市化水平较高的地区，这两个地区年和春夏极端降水非一致性站点较为集中。与乡村地区和城市地区站点相比，正在城市化地区站点极端降水的非一致性特征相对更强，可能是因为正在城市化地区站点的土地覆盖类型快速发生变化，导致局部大气环流条件发生较大改变。

为了分析大尺度环流和城市化引起的降水变化，采用 k 均值聚类分析方法将区域日平均降水量分为若干组。在同组日平均降水量中，大气环流模式是一致的。在 1961～1987 年和 1988～2014 年两段时期，大多数气候分区日平均降水量高分位数值没有表现出显著差异，表明城市化的影响特征在大多数区域并不显著。但是，在中国城市化水平最高的两个地区——区域 VI 和 VII，这两段时期正在城市化地区站点和城市地区站点日极端降水分位数值表现出明显的差异。

总体而言，本章试图基于全国范围内对极端降水长期变化的非一致性来研究城市化对年和季节极端降水的影响。结果表明，大尺度环流可能是影响中国年和季节极端降水长期变化的主导因素,而城市化则影响着区域尺度上大尺度环流和极端降水之间的关系。本章对气候变化影响下的城市发展和规划及其相关政策的制定与调整具有重要的指导意义。然而，为深入理解中国不同地理区域极端降水变化影响的物理过程，下一步研究应更加注重基于模型的机理研究，包括对区域气候模型的动态模拟分析等方面。

参 考 文 献

[1] INTERGOVERNMENTAL PANEL ON CLIMATE CHANGE. Climate change 2007: Impacts, adaptation and vulnerability[M]. Cambridge: Cambridge University Press, 2007: 211-272.

[2] ZHANG Q, GU X H, SINGH V P, et al. Impact of tropical cyclones on flood risk in southeastern China: Spatial patterns, causes and implications[J]. Global and planetary change, 2016, 139: 31-43.

[3] DONAT M G, LOWRY A L, ALEXANDER L V, et al. More extreme precipitation in the world's dry and wet regions[J]. Nature climate change, 2016, 6: 508-514.

[4] INGRAM W. Extreme precipitation increases all round[J]. Nature climate change, 2016, 6: 443-444.

[5] ALLEN M R, INGRAM W J. Constraints on future changes in climate and the hydrologic cycle[J]. Nature, 2002, 419(6903): 224-232.

[6] PALL P, ALLEN M R, STONE D A. Testing the Clausius-Clapeyron constraint on changes in extreme precipitation under CO_2 warming[J]. Climate dynamics, 2007, 28(4): 351-363.

[7] WILLETT K M, GILLETT N P, JONES P D. Attribution of observed surface humidity changes to human influence[J]. Nature, 2007, 449(7163): 710-712.

[8] GU X H, ZHANG Q, SINGH V P, et al. Changes in magnitude and frequency of heavy precipitation across China and its potential links to summer temperature[J]. Journal of hydrology, 2017, 547: 718-731.

[9] MAEDA E E, UTSUMI N, OKI T. Decreasing precipitation extremes at higher temperatures in tropical regions[J]. Natural hazards, 2012, 64(1): 935-941.

[10] VITTAL H, GHOSH S, KARMAKAR S, et al. Lack of dependence of Indian summer monsoon rainfall extremes on temperature: An observational evidence[J]. Scientific reports, 2016, 6: 1-12.

[11] SHASTRI H, PAUL S, GHOSH S, et al. Impacts of urbanization on Indian summer monsoon rainfall extremes[J]. Journal of geophysical research: atmospheric, 2015, 120(2): 495-516.

[12] SUN Y, ZHANG X, REN G, et al. Contribution of urbanization to warming in China[J]. Nature climate change, 2016, 6(7): 706-710.

[13] ZHAO G, GAO H, GUO L. Effects of urbanization and climate change on peak flows over the San Antonio River Basin, Texas[J]. Journal of climate, 2016, 17(9): 2371-2389.

[14] REN G, ZHOU Y, CHU Z, et al. Urbanization effects on observed surface air temperature trends in north China[J]. Journal of climate, 2008, 21(6): 1333-1348.

[15] SHEPHERD J M, CARTER M, MANYIN M, et al. The impact of urbanization on current and future coastal precipitation: A case study for Houston[J]. Environment and planning b: planning and design, 2010, 37(2): 284-304.

[16] YANG P, REN G, HOU W, et al. Spatial and diurnal characteristics of summer rainfall over Beijing

municipality based on a high-density AWS dataset[J]. International journal of climatology, 2013, 33(13): 2769-2780.

[17] VITTAL H, KARMAKAR S, GHOSH S. Diametric changes in trends and patterns of extreme rainfall over India from pre-1950 to post-1950[J]. Geophysical research letters, 2013, 40(12): 3253-3258.

[18] WANG S, JIANG F, DING Y. Spatial coherence of variations in seasonal extreme precipitation events over northwest arid region, China[J]. International journal of climatology, 2015, 35(15): 4642-4654.

[19] HOLST C C, TAM C Y, CHAN J C L. Sensitivity of urban rainfall to anthropogenic heat flux: A numerical experiment[J]. Geophysical research letters, 2016, 43(5): 2240-2248.

[20] CRISTIANO E, VELDHUIS M, GIESEN N. Spatial and temporal variability of rainfall and their effects on hydrological response in urban areas-a review[J]. Journal of earth system science, 2017, 21: 3859-3878.

[21] SUN J S, SHU W J. Impact of UHI effect on winter and summer precipitation in Beijing City[J]. Atmospheric sciences, 2017, 31(2): 311-320.

[22] MIAO S, CHEN F, LI Q, et al. Impacts of urban processes and urbanization on summer precipitation: A case study of heavy rainfall in Beijing on 1 August 2006[J]. Journal of applied meteorology and climatology, 2011, 50(4): 806-825.

[23] LIANG P, DING Y H, HE J H, et al. Study of relationship between urbanization speed and change of spatial distribution of rainfall over Shanghai[J]. Journal of tropical meteorology, 2013, 27(4): 475-483.

[24] CHEN S, LI W B, DU Y D, et al. Urbanization effect on precipitation over the Pearl River Delta based on CMORPH data[J]. Advanced climate change research, 2015, 6(1): 16-22.

[25] DOU J, WANG Y, BORNSTEIN R, et al. Observed spatial characteristics of Beijing urban climate impacts on summer thunderstorms[J]. Journal of applied meteorology and climatology, 2015, 54: 94-104.

[26] YANG P, REN G, YAN P. Evidence for a strong association of short-duration intense rainfall with urbanization in the Beijing urban area[J]. Journal of climate, 2017, 30(15): 5851-5870.

[27] GUO X L, FU D H, WANG J. Mesoscale convective precipitation system modified by urbanization in Beijing City[J]. Atmospheric research, 2006, 82(1/2): 112-126.

[28] ZHANG C L, CHEN F, MIAO S G, et al. Impacts of urban expansion and future green planting on summer precipitation in the Beijing metropolitan area[J]. Journal of geophysical research, 2009, 114: 1-26.

[29] WANG J, FENG J, YAN Z, et al. Nested high-resolution modeling of the impact of urbanization on regional climate in three vast urban agglomerations in China[J]. Journal of geophysical research, 2012, 117: 1-16.

[30] ZHANG Q, SINGH V P, PENG J, et al. Spatial-temporal changes of precipitation structure across the Pearl River Basin, China[J]. Journal of hydrology, 2012, 440-441: 113-122.

[31] ZHANG Q, PENG J, SINGH V P, et al. Spatio-temporal variations of precipitation in arid and semiarid regions of China: The Yellow River Basin as a case study[J]. Global and planetary change, 2014, 114: 38-49.

[32] CHI X, YIN Z, WANG X, et al. Spatiotemporal variations of precipitation extremes of China during the past 50 years(1960~2009)[J]. Theoretical and applied climatology, 2016, 124(3/4): 555-564.

[33] MILLY P C D, BETANCOURT J, FALKENMARK M, et al. Stationarity is dead: Whither water

management[J].Science, 2008, 319(5863): 573-574.

[34] MIN S K, ZHANG X, ZWIERS F W, et al. Human contribution to more-intense precipitation extremes[J]. Nature, 2011, 470(7334): 378-381.

[35] MONDAL A, MUJUMDAR P P. Modeling non-stationarity in intensity, duration and frequency of extreme rainfall over India[J]. Journal of hydrology, 2015, 521: 217-231.

[36] LIAO W, LIU X P, LI D, et al. Stronger contributions of urbanization to heat wave trends in wet climates[J]. Geophysical research letters, 2018, 45(20): 11310-11317.

[37] LUO M, LAU N C. Increasing heat stress in urban areas of eastern China: Acceleration by urbanization[J]. Geophysical research letters, 2018, 45(23): 13060-13069.

[38] KALNAY E, KANAMITSU M, KISTLER R, et al. The NCEP/NCAR 40-year reanalysis project[J]. Bulletin of the American Meteorological Society, 1996, 77(3): 437-471.

[39] DEE D P, UPPALA S M, SIMMONS A J, et al. The ERA-Interim reanalysis: Configuration and performance of the data assimilation system[J]. Quarterly journal of the royal meteorological society, 2011, 137(656): 553-597.

[40] WANG L X, FENG Y, CHAN R, et al. Inter-comparison of extra-tropical cyclone activity in nine reanalysis datasets[J]. Atmospheric research, 2016, 181: 133-153.

[41] HAGEMEYER B C. A lower-tropospheric thermodynamic climatology for March through September: Some implications for thunderstorm forecasting[J]. Weather forecasting, 1991, 6(2): 254-270.

[42] ZHANG Q, GU X H, SINGH V P, et al. Flood frequency analysis with consideration of hydrological alterations: Changing properties, causes and implications[J]. Journal of hydrology, 2014, 519: 803-813.

[43] JIANG J M, MENDELSSOHN R, SCHWING F, et al. Coherency detection of multiscale significant abrupt changes in historic Nile flood levels[J]. Geophysical research letters, 2002, 29(8): 1-4.

[44] VILLARINI G, SERINALDI F, SMITH J A, et al. On the stationarity of annual flood peaks in the continental United States during the 20th century[J]. Water resources research, 2009, 45(8): 1-17.

[45] PETTITT A N. A non-parametric approach to the change-point problem[J]. Applied statistics, 1979, 28(2): 126-135.

[46] MALLAKPOUR I, VILLARINI G. A simulation study to examine the sensitivity of the Pettitt test to detect abrupt changes in mean[J]. Hydrological sciences journal, 2016, 61(2): 245-254.

[47] VILLARINI G, SMITH J A, NTELEKOS A A, et al. Annual maximum and peaks-over-threshold analyses of daily rainfall accumulations for Austria[J]. Journal of geophysical research: atmospheric, 2011, 116(D5): 1-15.

[48] GU X H, ZHANG Q, SINGH V P, et al. Spatiotemporal patterns of annual and seasonal precipitation extreme distributions across China and potential impact of tropical cyclones[J]. International journal of climatology, 2017, 37: 3949-3962.

[49] KHARIN V V, ZWIERS F W. Estimating extremes in transient climate change simulations[J]. Journal of climate, 2005, 18(8): 1156-1173.

[50] RIGBY R A, STASINOPOULOS D M. Generalized additive models for location, scale and shape(with

discussion)[J]. Applied statistics, 2005, 54(3): 507-554.

[51] LÓPEZ J, FRANÉS F. Non-stationary flood frequency analysis in continental Spanish rivers, using climate and reservoir indices as external covariates[J]. Hydrology and earth system science, 2013, 17(8): 3189-3203.

[52] ZHANG J, LIN Z. Climate of China[M]. Shanghai: Shanghai Scientific and Technical Publishers, 1992: 376.

[53] XIAO M, ZHANG Q, SINGH V P, et al. Regionalization-based spatiotemporal variations of precipitation regimes across China[J]. Theoretical and applied climatology, 2013, 114: 203-212.

[54] SALVI K, KANNAN S, GHOSH S. High-resolution multisite daily rainfall projections in India with statistical downscaling for climate change impacts assessment[J]. Journal of geophysical research: atmospheric, 2013, 118(9): 3557-3578.

[55] DUNN J C. A fuzzy relative of the ISODATA process and its use in detecting compact well separated clusters[J]. Journal of cybernetics, 1973, 3(3): 32-57.

[56] KISHTAWAL C M, NIYOGI D, TEWARI M, et al. Urbanization signature in the observed heavy rainfall climatology over India[J]. International journal of climatology, 2010, 30(13): 1908-1916.

[57] SZEGEDI S, KIRCSI A. Effects of the synoptic conditions on the development of the urban heat island in Debrecen, Hungary[J]. Acta climatologica et chorologica, 2003, 36-37: 111-120.

[58] MORRIS C J G, SIMMONDS I. Associations between varying magnitudes of the urban heat island and the synoptic climatology in Melbourne, Australia[J]. International journal of climatology, 2000, 20(15): 1931-1954.

[59] CHEN Y, DENG H, LI B, et al. Abrupt change of temperature and precipitation extremes in the arid region of northwest China[J]. Quaternary international, 2014, 336: 35-43.

[60] GUAN Y, ZHENG F, ZHANG X, et al. Trends and variability of daily precipitation and extremes during 1960~2012 in the Yangtze River Basin, China[J]. International journal of climatology, 2017, 37(3): 1282-1298.

[61] CHEN H, SUN J. Contribution of human influence to increased daily precipitation extremes over China[J]. Geophysical research letters, 2017, 44(5): 2436-2444.

[62] HIRSCHBOECK K K. Flood hydroclimatology[C]//BAKER V R, KOCHEL R C, PATTON P C. Flood geomorphology. New Jersey: John Wiley & Sons Inc., 1988: 27-49.

[63] GU X H, ZHANG Q, SINGH V P, et al. Non-stationarities in the occurrence rate of heavy precipitation across China and its relationship to climate teleconnection patterns[J]. International journal of climatology, 2017, 37: 4186-4198.

[64] GAO T, WANG H J, ZHOU T. Changes of extreme precipitation and nonlinear influence of climate variables over monsoon region in China[J]. Atmospheric research, 2017, 197: 379-389.

[65] WANG F, GE Q, WANG S, et al. A new estimation of urbanization's contribution to the warming trend in China[J]. Journal of climate, 2015, 28(22): 8923-8938.

[66] YANG L, NIYOGI D, TEWARI M, et al. Contrasting impacts of urban forms on the future thermal

environment: example of Beijing metropolitan area[J]. Environmental research letters, 2016, 11(3): 1-11.

[67] NIYOGI D, CHANG H I, CHEN F, et al. Potential impacts of aerosol-land-atmosphere interactions on the Indian monsoonal rainfall characteristics[J]. Natural hazards, 2007, 42(2): 345-359.

[68] WANG J, FENG J, YAN Z. Potential sensitivity of warm season precipitation to urbanization extents: Modeling study in Beijing-Tianjin-Hebei urban agglomeration in China[J]. Journal of geophysical research: atmospheric, 2015, 120(18): 9408-9425.

[69] LIN C Y, CHEN W C, CHANG P L, et al. Impact of the urban heat island effect on precipitation over a complex geographic environment in northern Taiwan[J]. Jouranal of applied meteorology and climatology, 2011, 50(2): 339-353.

[70] HAN J, BAIK J, KHAIN A. A numerical study of urban aerosol impacts on clouds and precipitation[J]. Journal of the atmospheric sciences, 2012, 69(2): 504-520.

[71] SINGH J, VITTAL H, KARMAKAR S, et al. Urbanization causes nonstationarity in Indian summer monsoon rainfall extremes[J]. Geophysical research letters, 2016, 43(21): 11269-11277.

[72] PAUL S, GHOSH S, MATHEW M, et al. Increased spatial variability and intensification of extreme monsoon rainfall due to urbanization [J]. Scientific reports, 2018, 8(1): 1-10.

[73] ZHONG S, QIAN Y, ZHAO C, et al. A case study of urbanization impact on summer precipitation in the Greater Beijing Metropolitan Area: urban heat island versus aerosol effects[J]. Journal of geophysical research: Atmospheric, 2015, 120(20): 10903-10914.

第 **7** 章

极端降水量级和频率受热带气旋的影响

热带气旋及其引发的风暴潮、强降水和洪水在全球范围内造成了巨大的生命和财产损失[1-2]。在全球气候变暖的背景下，理论分析和模型研究表明弱强度的热带气旋和极端热带气旋的发生频率均会增加[3-5]。考虑到未来城市地区的经济发展和人口增长，极端热带气旋频率的增加必将导致城市化地区面对更大的灾难和损失[6-8]。通常情况下，热带气旋往往与强风和强降水等极端天气有关，然而热带气旋造成的最严重灾害往往是由其引起的暴雨与随之而来的暴涨径流和山洪暴发引发的[9]。因此，热带气旋与极端降水的统计关系及其物理动力学机制受到了广泛关注[10-14]。在全球和区域尺度上，对热带气旋与极端降水关系的研究主要集中在热带气旋对沿海地区极端降水的影响研究上[15-19]。Khouaki 等[19]指出全球沿海地区 35%～50%的极端降水是由热带气旋造成的。而在内陆区域，如距热带气旋中心超过 1 000 km 的地区，洪水频率的增加则是由中尺度天气系统引起的前次降雨事件（previous rainfall event，PRE）诱发的，而与由热带气旋本身引起的洪水无关[20-21]。此类内陆洪水可导致严重的经济损失和灾害，如 2011 年发生在美国的 Irene 飓风、2012 年的 Isaac 飓风和 2012 年的 Sandy 飓风均造成了巨大的损失[7, 22-23]。然而，关于 PRE 引起的极端降水事件对内陆洪水影响的研究到目前为止还很有限[24-25]。

登陆的热带气旋能够输送大量的水蒸气，从而为极端降水的产生提供有利的条件[25]。在许多情况下，由于热带气旋与中纬度扰动或锋面的相互作用，热带气旋引起的降水雨带是不对称的。逻辑上需要依据卫星云图逐个识别位于云区的降水站点，但是以这种方式定义几十年来热带气旋引起的降水区是十分不便的[26-27]。当前将热带气旋中心合理半径圆形范围内的区域定义为热带气旋引起的雨带被广泛接受[28-31]。这一半径可从 250 km 到 1 000 km 不等[28, 31]，众多研究认为最佳半径为 500 km[12-13, 19, 25, 29-30]。然而，500 km 有效半径仅考虑了热带气旋的主要降水区，并未有效考虑通常距离登陆热带气旋中心 1 000 km 以外的 PRE 现象[20-21, 24]。并非所有热带气旋都可以产生 PRE，只有一部分热带气旋可以产生 PRE。例如，在 1998～2006 年，大西洋、加勒比海和墨西哥湾的 21 个热带气旋中，仅记录到了 47 个 PRE。PRE 通常会导致严重的内陆洪水，因此最近越来越多的研究开始调查热带气旋与 PRE 之间的联系[24, 32]。

热带气旋与大尺度气候涛动的关系已被广泛研究[2, 33-34]，但目前关于热带气旋引起的极端降水量级和频率与大尺度气候涛动的关系缺少关注。Yan 等[2]表明，热带气旋的功率损耗和频率对海洋表面温度的变化异常敏感，特别是在太平洋地区。因此，研究海温异常对热带气旋引起的极端降水量级和频率的影响，对热带气旋引起的极端降水预报至关重要。

西北太平洋产生的热带气旋不仅数量多而且强度较强[23]。中国位于太平洋的西海岸，尤其容易受到西海岸登陆的热带气旋的影响[35]。在考虑热带气旋造成的主要降水区和 PRE 的情况下，围绕中国内陆和沿海地区，研究与西北太平洋热带气旋（northwest Pacific-tropical cyclone，NWP-TC）相关的极端降水变化。ENSO 强烈影响着 NWP-TC[19, 34, 36-37]。因此，进一步评估了 ENSO 对极端降水量级和频率与热带气旋关系的影响[34, 38-39]。

本章的主要目的是：①识别热带气旋导致的极端降水事件；②量化极端降水、热带气旋（强度和轨迹）与 ENSO 之间的关系；③从大尺度环境变量（如 SST、涡度、散度和风）角度探讨这种关系背后的机制。本章将对热带气旋引起的极端降水特征进行长期一致的分析，并对热带气旋引起的极端降水随风暴向内陆移动的空间变化进行深入了解。此外，本章还将强调不同 ESNO 阶段热带气旋引起极端降水的区域差异，并试图解释可能的原因。

7.1　研 究 数 据

7.1.1　降水和热带气旋轨迹数据

从国家气象信息中心收集了 2474 个站点的实测降水数据，并选取了其中数据观测持续时间大于 35 年且缺失值少于 1% 的 2313 个站点的数据。本章所使用的数据站点位置和降水记录长度信息如图 7.1（a）所示。站点数据经国家气象信息中心严格检测，数据质量可靠。

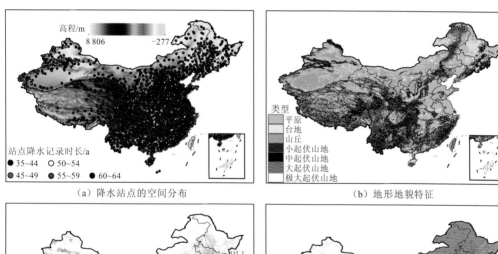

（a）降水站点的空间分布　　　　（b）地形地貌特征

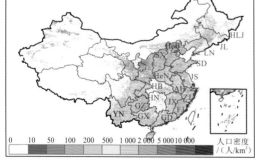

（c）2010 年人口密度　　　（d）降水站 500 km 范围内热带气旋出现的次数

图 7.1　热带气旋及其社会经济背景空间分布

图 7.1（c）中 HLJ 表示黑龙江，JL 表示吉林，LN 表示辽宁，HeB 表示河北，SD 表示山东，SX 表示山西，HeN 表示河南，JS 表示江苏，HB 表示湖北，AH 表示安徽，ZJ 表示浙江，HN 表示湖南，JX 表示江西，FJ 表示福建，GX 表示广西，GZ 表示贵州，GD 表示广东，YN 表示云南

热带气旋数据来自中国气象局上海台风研究所（Shanghai Typhoon Research Institute of China Meteorological Administration）。这套数据包含了自 1949 年至今热带气旋每 6 h 的位置（经纬度）、最大持续地面风速和最小中心压力等最佳轨迹数据。根据风速的大小不同，热带气旋被定义为热带低气压（TD）（其风速为 10.8～17.1 m/s）、热带风暴（TS）（其风速为 17.2～32.6 m/s）和台风（TY）（其风速大于 32.6 m/s）。此外，还通过中国科学院资源环境科学数据中心获取了地形地貌数据和人口密度数据，分别如图 7.1（b）、（c）所示。

7.1.2 ENSO 相位和 NCEP-NCAR 再分析数据

在 5°N～5°S 和 170°W～120°W 的区域，不仅是 NWP-TC 活动的最重要区域[36]，也是定义 ENSO 值的重要海温区域。从美国国家海洋和大气管理局（National Oceanic and Atmospheric Administration）气候预测中心收集 ENSO 月数据，数据显示大多数 NWP-TC 发生在每年的 5～11 月[30]。因此，季节性 ENSO 的平均值计算方式为 5～7 月（May、June、July，MJJ）、6～8 月（June、July、August，JJA）、7～9 月（July、August、September，JAS）、8～10 月（August、September、October，ASO）和 9～11 月（September、October、November，SON）ENSO 的平均值。根据 Lyon 和 Camargo[40] 的研究将 57 年 ENSO 值划分为三类：①厄尔尼诺（El Niño）年份，对应年份 ENSO 平均值大于 0.5；②中性年份，对应年份 ENSO 平均值在-0.5～0.5；③拉尼娜（La Niña）年份，对应年份 ENSO 平均值小于-0.5。根据以上划分依据，表 7.1 给出了不同年份对应的 ENSO 相位分类。

表 7.1　依据热带气旋发生季节的 ENSO 平均值划分的 ENSO 相位信息

ENSO			
厄尔尼诺年份	中性年份		拉尼娜年份
1951	1952	1983	1950
1953	1956	1984	1954
1957	1958	1985	1955
1963	1959	1989	1964
1965	1960	1990	1970
1969	1961	1992	1971
1972	1962	1993	1973
1982	1966	1994	1975
1986	1967	1996	1988
1987	1968	2001	1995

ENSO			
厄尔尼诺年份	中性年份		拉尼娜年份
1991	1974	2003	1998
1997	1976	2005	1999
2002	1977	2006	2000
2004	1978	2008	2007
2009	1979	2012	2010
	1980	2013	2011
	1981	2014	

NCEP-NCAR 再分析数据提供了位势高度、风、散度、海温异常和可降水量（precipitable water）等数据，数据空间分辨率为 2.5°×2.5°。

7.2 研究方法

7.2.1 极端降水量级与频率定义

为了有效评估热带气旋对极端降水量级和频率的影响，通过 AM 抽样定义极端降水量级为年最大日降水量，并通过 POT 抽样将每年 POT 天数定义为极端降水频率，其中非零降水事件的95%分位数被设为 POT 抽样阈值[19]。10 年一遇的极端降水（这种量级的极端降水平均每10年发生一次）定义为年最大日降水量的90%分位数。类似于 Czajkowski 等[41]定义的洪水比率，极端降水比率（extreme precipitation ratio，EPR）也定义为由热带气旋引起的极端降水量与 10 年一遇的极端降水量的比值。由于各地区极端降水的绝对值差异较大，采用 EPR 对热带气旋引起的极端降水进行了归一化处理，以期获得区域性的对比结果。若 EPR 大于 1，表明热带气旋引起的极端降水量大于 10 年一遇的降水极值，反之亦然。

7.2.2 逻辑斯谛模型和泊松回归模型

根据逻辑斯谛模型（logistic model）中估算的概率，可以有效评估产生的极端降水量级是倾向于发生在厄尔尼诺年份还是拉尼娜年份[19]。在逻辑斯谛模型中，AM 定义极端降水事件是否与热带气旋相关可以用 1 和 0 表示，该回归模型中二元响应变量值与 ENSO 之间的关系可以描述如下：

$$\lg\left(\frac{\pi_i}{1-\pi_i}\right) = \varPhi_0 + \varPhi_1 x_i \tag{7.1}$$

式中：π_i 为引起 AM 极端降水事件的概率；$\varPhi_0$ 和 $\varPhi_1$ 分别为最大似然估计的截距和斜率系数；x_i 为 ENSO 值的连续三个月的平均值。如果 $\varPhi_1$ 大于零，则厄尔尼诺引起的 AM 极端降水事件倾向于发生在厄尔尼诺年份；若 $\varPhi_1$ 小于零，则其发生在拉尼娜年份的可能性更大。显著性 P 值用于评估概率是否达到 0.05 显著性水平。仅选取至少有 5 起热带气旋引起的 AM 极端降水事件的站点用于逻辑斯谛模型分析。

泊松回归模型用于分析由热带气旋引起的 POT 定义的降水频率对 ENSO 状态的依赖性。每年由热带气旋引发的超过阈值的降水天数服从泊松分布的点过程：

$$P(N_t = n|\delta_i) = \frac{\mathrm{e}^{-\delta_i}\delta_i^n}{n!}, \quad n = 0, 1, \cdots \tag{7.2}$$

式中：N_t 为第 i 年由热带气旋引起的极端降水事件的数量；δ_i 为发生率，是非负随机变量。通过对数函数建立热带气旋引起的 POT 极端降水频率与 ENSO 之间的关系，δ_i 表示为线性函数：

$$\delta_i = \exp(\omega_0 + \omega_1 x_i) \tag{7.3}$$

式中：ω_0 和 ω_1 分别为极端降水发生率的最大似然估计的截距和斜率系数；x_i 为 ENSO 值的连续三个月的平均值。如果 ω_1 大于零，则更多的热带气旋引起的极端降水日数发生在厄尔尼诺年份；若 ω_1 小于零，则表明较少数量的热带气旋引发的极端降水日数发生在拉尼娜年份。显著性 P 值用于评估概率是否达到 0.05 显著性水平。

7.2.3 水汽输送与急流

由于风场对热带气旋轨道有很大影响，通过将从 NCEP-NCAR 再分析数据中获得的 850 hPa 到 300 hPa 以气压为权重的加权平均风场作为急流，单位为 m/s。整层水汽传输量作为一个描述向某一地点输送的水汽总量，其计算公式如下：

$$\mathrm{IVT} = \sqrt{\left(\frac{1}{g}\int_{\mathrm{surface}}^{300} qu\mathrm{d}p_{\mathrm{a}}\right)^2 + \left(\frac{1}{g}\int_{\mathrm{surface}}^{300} qv\mathrm{d}p_{\mathrm{a}}\right)^2} \tag{7.4}$$

式中：IVT 为整层水汽传输量，kg/（m·s）；q 为比湿，kg/kg；u 和 v 分别为纬向风和经向风风速，m/s；g 为重力加速度，m/s²；p_{a} 为气压，hPa；surface 为地表面气压，hPa。

大尺度环境条件，如海洋表面温度、纬向风、涡度和散度等均对厄尔尼诺和拉尼娜期热带气旋的生成与强化有重要影响[37]。不同气压水平的风场用于计算涡度 vor 和散度 div：

$$\mathrm{vor} = \frac{v(i+1, j) - v(i-1, j)}{\Delta x} - \frac{u(i, j+1) - u(i, j-1)}{\Delta y} \tag{7.5}$$

$$\mathrm{div} = \frac{u(i+1, j) - u(i-1, j)}{\Delta x} + \frac{v(i, j+1) - v(i, j-1)}{\Delta y} \tag{7.6}$$

式中：在 x-y 平面上建立二维矩形网格，i 和 j 分别表示在一个正方形网格中空间的序号，Δx 和 Δy 为网格距，采用等步长间隔的 Δx 和 Δy 平行直线群进行分割，直线群的全体称为网格，其交点称为网格点，编号为 (i, j) 的网格点风场为 (u_i, v_j)。

7.3　热带气旋引起的极端降水量级和频率特征

通过研究过去 64 年来热带气旋与极端降水量级和频率之间的关系，可从气候学角度分析热带气旋引起的极端降水和频率区域特征（图 7.2～图 7.4）。如图 7.2（a）所示，在中国大部分区域，由热带气旋引起的极端降水量级超过了 10 年一遇的极端降水量级，这些区域几乎覆盖了中国东部高人口密度的所有地区 [图 7.1（c）]。此外，中国区域复杂的地形、起伏的山脉形成了一条天然的分界线，可有效遮挡热带气旋对西部地区的影响。在这些 EPR 大于 1 的区域中，沿海区域受热带气旋的影响与以往的研究结果一致 [27,42-43]。但是，热带气旋对内陆极端降水的重要影响在以往的研究中被忽视了 [27, 42-43]。

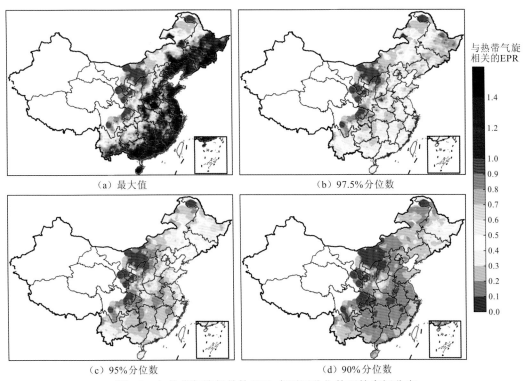

（a）最大值　　　　　（b）97.5%分位数

（c）95%分位数　　　　　（d）90%分位数

图 7.2　与热带气旋相关的 EPR 在不同分位数下的空间分布

相对于热带气旋引起的极端降水量级空间分布结果，热带气旋引起的极端降水日数的空间分布呈现出由东南向西北递减的趋势（图 7.3）。这一空间分布特征与距离降水站点 500 km 范围内通过的热带气旋数量的空间分布结果较为一致 [图 7.1（d）]，并且与以往的研究结果一致 [44]。热带气旋引起的极端降水日数与总极端降水日数的比率的空间分

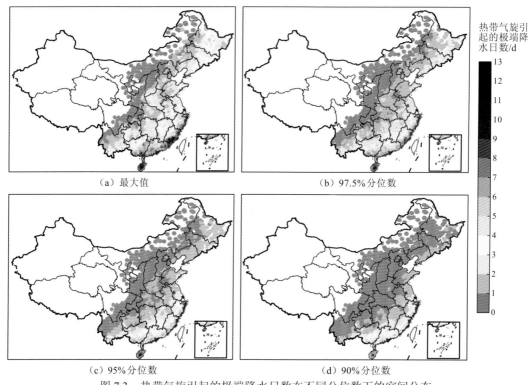

（a）最大值　　　　　　　　　　　　（b）97.5%分位数

（c）95%分位数　　　　　　　　　　　（d）90%分位数

图 7.3　热带气旋引起的极端降水日数在不同分位数下的空间分布

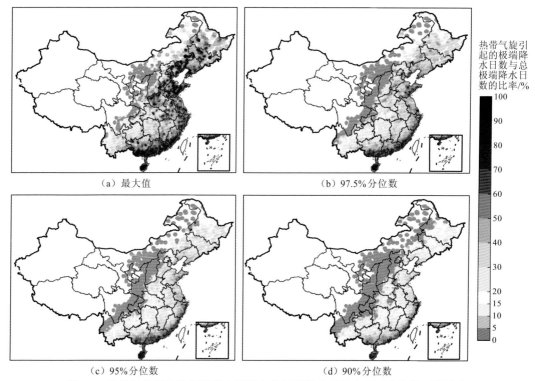

（a）最大值　　　　　　　　　　　　（b）97.5%分位数

（c）95%分位数　　　　　　　　　　　（d）90%分位数

图 7.4　热带气旋引起的极端降水日数与总极端降水日数在不同分位数下的比率

布与 EPR 的空间分布具有高度的相似性（图 7.2 和图 7.4）。虽然在沿海地区由热带气旋引起的绝对极端降水日数大于内陆地区，但热带气旋引起的极端降水日数与总极端降水日数的比率在内陆地区与沿海地区却几乎相同（图 7.3 和图 7.4），这一现象表明热带气旋对年极端降水频率的影响程度在沿海和内陆区域是相似的。热带气旋引起的 EPR、极端降水日数空间分布和极端降水日数的比率在不同的分位数（最大值、97.5%分位数、95%分位数和 90%分位数）下的空间分布特征具有一致性，表明热带气旋对极端降水的影响不是个例事件，而是普遍的特征。

　　全国 45.8%的站点 AM 或 POT 定义的极端降水事件是由 NWP-TC 引起的（图 7.5 和图 7.6）。热带气旋对中国区域 AM 和 POT 极端降水的影响具有明显的区域性特征。随着热带气旋的运动轨迹由东南沿海向内地转移，其对 AM 和 POT 极端降水的贡献率也从东南到西北地区逐渐减小。东南沿海地区不仅是中国经济发展水平和人口密度最高的地区，也是热带气旋影响 AM 和 POT 极端降水最为显著的区域，该区域部分站点热带气旋的贡献率超过了 50%（图 7.5）。热带气旋贡献率为 20%～50%的站点也位于中国的东南

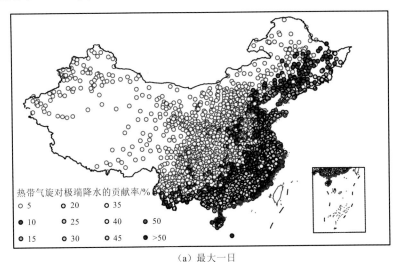

（a）最大一日

（b）最大二日

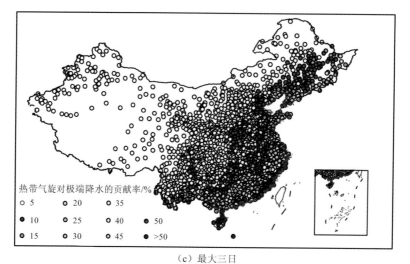

（c）最大三日

图 7.5　热带气旋对年最大一日、二日和三日极端降水的贡献率

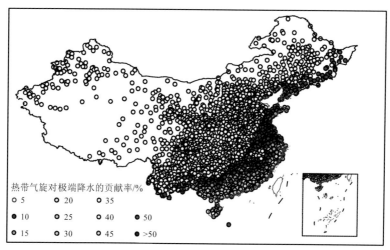

（a）90%分位数

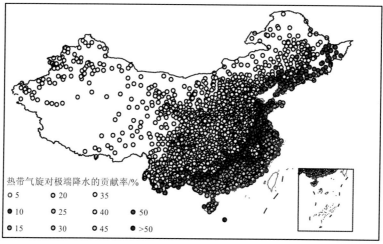

（b）95%分位数

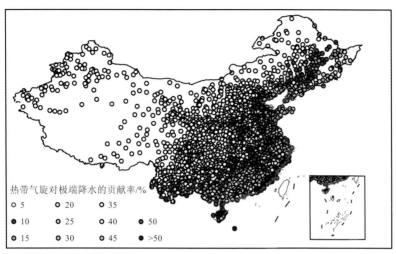

（c）99%分位数

图 7.6 热带气旋对 90%分位数、95%分位数和 99%分位数阈值下 POT 极端降水的贡献率

地区，诱发该区域极端降水的因素不仅包括热带气旋，还包括春季温带系统和暖季对流系统。尽管热带气旋引起的极端降水区向北甚至可以延伸到东北地区，但在这些地区热带气旋对降水的贡献率均小于 15%（图 7.5）。在中国北部和东北部地区超过 80%的极端降水是由暖季强对流天气系统引起的[45]。

热带气旋对中国中部地区极端降水之间的影响较弱，对该区域站点极端降水的贡献率低于 10%（图 7.5）。但是热带气旋对该区域所造成的经济损失却极为严重。例如，在 1975 年 8 月台风 Nina 带来了小时最大降水量为 830 mm 的与目前保持的世界纪录 840 mm 相当的暴雨，该暴雨引发的洪水事件造成中国中部地区约 26000 人死亡，接近 1000 万人口无家可归[46]。热带气旋对不同历时的极端降水（年最大一日、二日和三日极端降水）的贡献率在空间分布上具有高度相似性。

POT 抽样阈值增大，受热带气旋影响的区域范围也略微扩大（图 7.6）。具体而言，以不同的降水分位数为阈值，由热带气旋引起的 POT 极端降水超过 5%的站点数量分别为 90%分位数条件下 597 个，95%分位数条件下 691 个，99%分位数条件下 845 个。以这三个分位数为阈值，热带气旋对 POT 极端降水的贡献率在中国东南沿海地区存在明显的空间差异。当 POT 抽样阈值由 90%分位数到 99%分位数时，热带气旋对该区域极端降水的贡献率从 30%增加到 50%以上。这一结果表明，热带气旋对 POT 极端降水的影响程度受限于 POT 抽样中所选择的降水量阈值。在阈值为 99%分位数情况下，热带气旋对 POT 极端降水贡献率的空间分布与 AM 极端降水的空间分布高度相似。

本章计算得到的热带气旋对中国极端降水的贡献率与以往研究结果具有高度的一致性[16, 42]。Chang 等[16]研究发现，中国东南沿海 50%～70%的极端降水与热带气旋有关。Ren 等[42]研究发现，中国东南沿海大部分地区热带气旋引起的年降水量超过 500 mm。在热带气旋对中国北部和东北部的贡献率结果中，Chang 等[16]发现热带气旋对极端降水的贡献率在20%~35%，明显高于本章得出的10%~15%的贡献率，这可能是由不同的研究采用不同的时间尺度的降水序列引起的。

尽管部分站点热带气旋引发的极端降水在量级和频率上呈现出一定的趋势现象，但趋势没有达到0.05显著性水平（图7.7和图7.8）。在中国东南部地区，由热带气旋引起的极端降水量级倾向于增加，但该地区热带气旋引起的极端降水日数却倾向于减少，这一结果与Chang等[16]的研究结果相一致。Chen等[44]的研究也发现，在过去的几十年中，登陆中国的热带气旋在陆上年平均持续时间显著增加。登陆中国热带气旋持续时间的增加可能会与热带气旋数量减少所带来的影响相互抵消[42]，导致热带气旋对极端降水的影响在长时期内保持相对稳定。

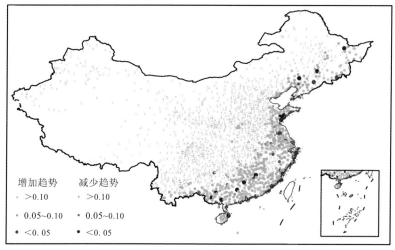

（a）最大一日

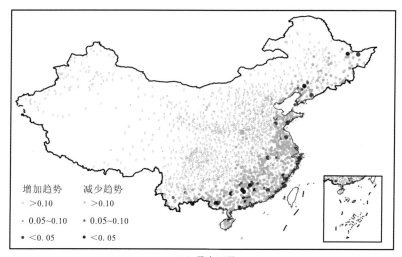

（b）最大二日

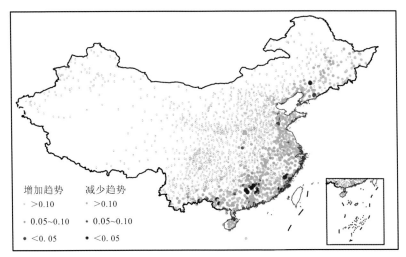

（c）最大三日

图 7.7　热带气旋引发的年最大一日、二日和三日极端降水量级的趋势

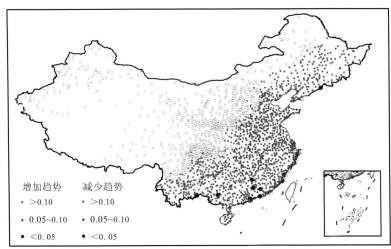

（a）90% 分位数

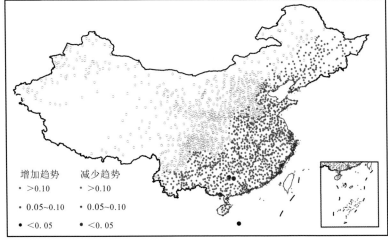

（b）95% 分位数

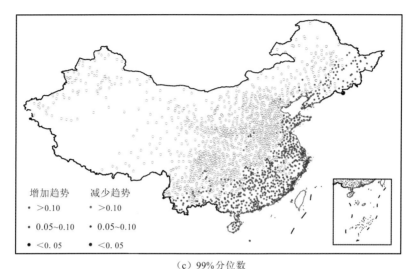

（c）99%分位数

图 7.8　热带气旋引发的 90%分位数、95%分位数和 99%分位数

阈值下极端降水频率的趋势

7.4　热带气旋对内陆地区极端降水的影响

在 1951～2014 年，中国东南部地区是受热带气旋影响最大的区域，总共遭受了 500 多次热带气旋的袭击，其中，数十个深入中国内陆[图 7.1（d）]。在路径深入中国内陆深处的热带气旋中，选择了 4 个代表性热带气旋，计算这 4 个热带气旋引起的 EPR，如图 7.9 所示。这 4 个代表性热带气旋的选择标准为：①热带气旋路径深入内陆，强度较大，可有效地反映热带气旋对内陆极端降水的影响；②4 个代表性热带气旋具有不同的登陆地点和移动轨迹，其中台风 Nina 和 Tim 在着陆后向北移动，台风 Rananim 和 Bilis 在着陆后向南移动，显示了热带气旋对不同地区极端降水的不同影响。

选取的代表性热带气旋经过的大面积区域的 EPR 均大于 1，表明这些区域由热带气旋引起的极端降水量级大于该区域 10 年一遇极端降水量级。然而，EPR 最大值所在的区域并不是位于沿海地区，而是位于内陆地区（图 7.9）。这表明热带气旋对内陆地区极端降水的影响高于沿海地区。以台风 Nina 为例，台风 Nina 导致河南和湖北两省的 EPR 最大，且造成这两个内陆省份发生了严重的洪水。

热带气旋除对内陆极端降水有直接影响外，还通过水汽长距离输送对远距离区域产生强降水，如 PRE。PRE 是指在一个相连的强降雨区域，区域 24 h 内的降水量超过 100 mm，但其区域位置与热带气旋导致的主降雨区相分离。以台风 Tim（1994 年）和 Herb（1996 年）为例，展示了这两场台风导致的 PRE 现象。对于台风 Tim 而言，1994 年 7 月 13 日 24 h 的总降水量在东北地区出现了一条反气旋状的强降水带，形似一条"降

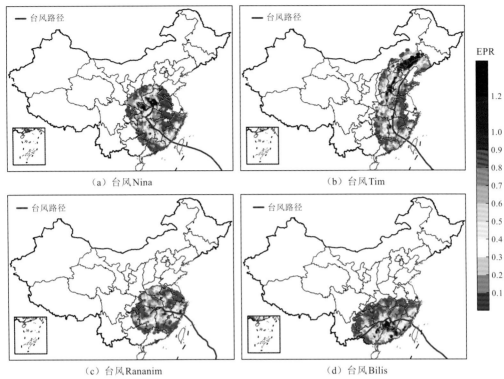

图 7.9　4 个代表性热带气旋引起的 EPR 空间分布

水走廊"[图 7.10（a）]。对于台风 Herb 而言，在 1996 年 8 月 4 日出现了两处总降水量超过 100 mm 的地区，一处位于湖北，另一处位于远离台风 Herb 中心的北侧地区[图 7.10（b）]。这两处由热带气旋产生的强降雨区在 24 h 内降水量大于 100 mm，且区域与两个热带气旋引起的主降水区明显分离，可被定义为 PRE 事件。

　　深层热带水汽即总可降水量需要超过 50 mm，并向 PRE 事件发生区域转移，为 PRE 事件提供水汽[32]。随着这两个热带气旋在 24 h 内的形成和发展，与热带气旋相关的大规模水汽演变为热带水分高纬度地区输送提供了有利的环境（图 7.11 和图 7.12）。对于台风 Tim，1994 年 7 月 8 日 GMT+8（格林尼治标准时间）为 0000 时，850 hPa 气旋环流中心位于中国东部，伴随着 250 hPa 的低压槽横穿中国北部，为中国东部地区带来了丰富的水汽[可降水量＞60 mm，图 7.11（a）]。在 1994 年 7 月 12 日 GMT+8 1200 时和 1994 年 7 月 13 日 GMT+8 0000 时，850 hPa 气旋环流中心向北移动，伴随的 250 hPa 低压槽向南延伸，有利于热带水汽向华北地区输送，导致更大范围区域的可降水量值超过 60 mm[图 7.11（b）、（c）]。1994 年 7 月 13 日 GMT+8 1200 时，虽然 850 hPa 的气旋性环流消失，但来自中国南海地区的温暖水汽与来自北方地区的干冷水汽相遇，在中国东北地区产生了表现为暖湿空气的 PRE 事件（可降水量＞50 mm）[图 7.11（d）]。

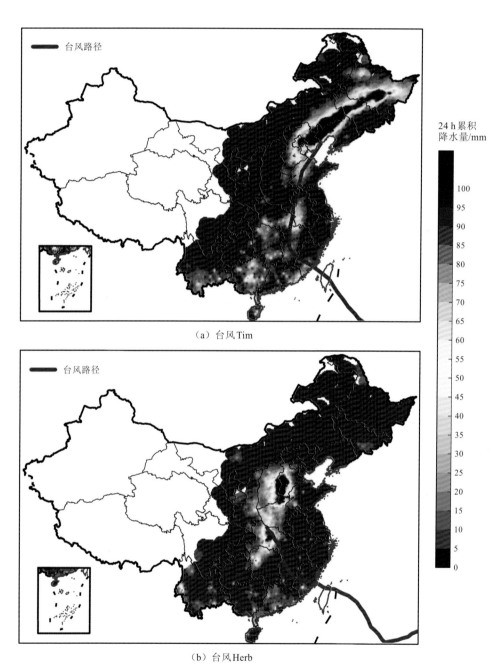

（a）台风Tim

（b）台风Herb

图 7.10　台风 Tim 和 Herb 分别于 1994 年 7 月 13 日和
1996 年 8 月 4 日引起的 24 h 累积降水量

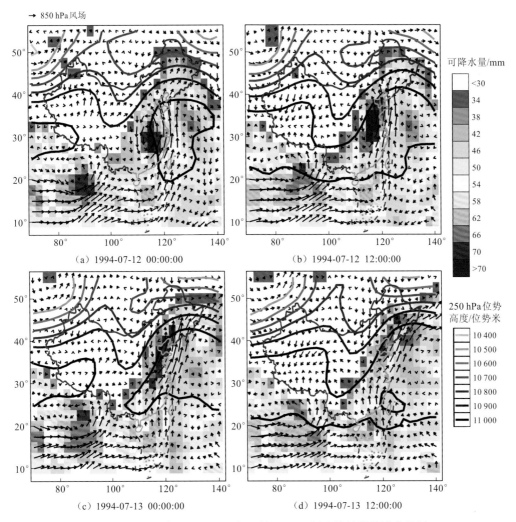

图 7.11　台风 Tim1994 年 7 月 12～13 日水汽输送的演变特征

　　同样对于台风 Herb，其 850 hPa 气旋环流中心位于中国东部地区，将热带暖湿水汽从西北太平洋带到中国中部地区（可降水量＞60 mm），如图 7.12（a）所示。随着气旋环流的消失，横贯中国的 250 hPa 低压槽脊线和从中国南海延伸至华中地区的高可降水量值（可降水量＞50 mm）为中国中部和北部地区带来了充沛的水汽（图 7.12）。其水汽输移过程清晰地显示了热带气旋是如何增强远距离降水的[20]。

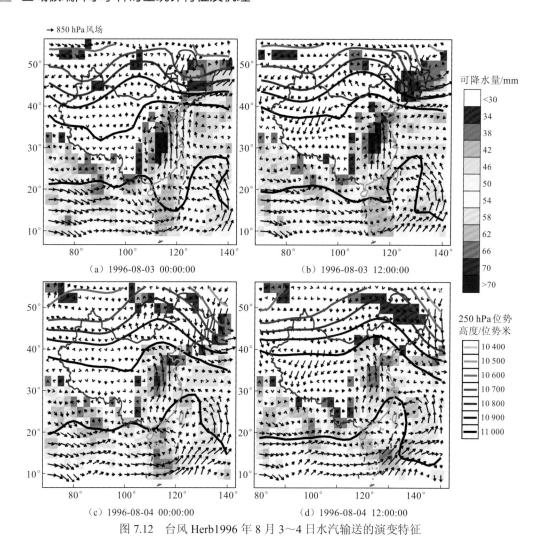

图 7.12　台风 Herb1996 年 8 月 3～4 日水汽输送的演变特征

7.5　ENSO 与热带气旋引起的极端降水之间的联系

采用逻辑斯谛模型模拟 ENSO 值与热带气旋引起的极端降水量级的关系，如图 7.13 所示。ω_1 系数为正值的站点数量与 ω_1 系数为负值站点的数量几乎相等，均大约为 650 个站点，这些站点呈现出明显不同的空间分布格局。ω_1 系数为正值的站点大部分位于中国北部和东北部地区，这一现象表明在中国北部和东北部地区热带气旋引起的极端降水更倾向于发生在厄尔尼诺年份。在 ω_1 系数为负值的中国东南部地区，热带气旋引起的极端降水更倾向于发生在拉尼娜年份。这一特征在不同季节 ENSO 值与年最大一日降水、年最大二日降水和年最大三日降水关系中保持一致。

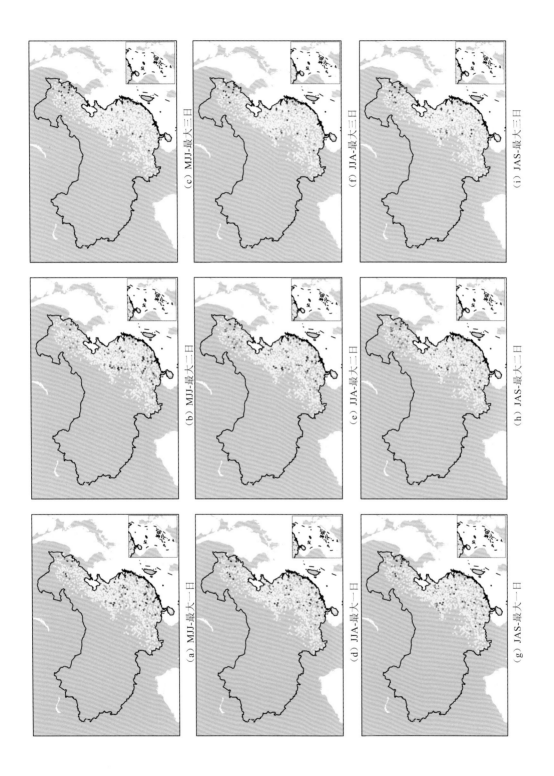

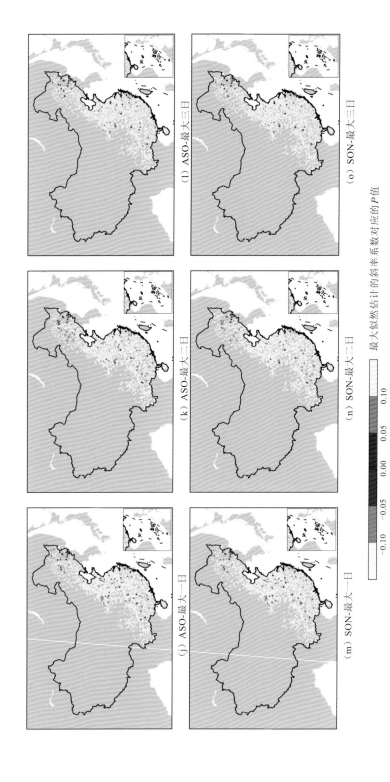

图7.13 逻辑斯谛模型模拟的热带气旋引起的年最大一日、二日和三日极端降水与季节性ENSO值的关系

正向关系用P>0表示，负向关系用P<0表示

最大似然估计的斜率系数对应的P值

采用泊松回归模型模拟的 ENSO 与热带气旋引起的极端降水频率的关系,如图 7.14 所示。泊松回归模型模拟的极端降水事件发生的结果与逻辑斯谛模型模拟的极端降水量级的结果在空间分布上高度一致。中国东南部在拉尼娜年份热带气旋引起的极端降水发生次数倾向于增加;中国北部和东北部在厄尔尼诺年份热带气旋引起的极端降水发生次数倾向于减少。总体而言,因为热带气旋引起的 AM 和 POT 极端降水事件与 ENSO 的关系在不同的季节具有较高的一致性,所以 ENSO 是有效调节热带气旋引起的极端降水的较强信号。

Khouakhi 等[19]对全球数据分析研究发现,在拉尼娜年份,中国东南部更有可能产生热带气旋引起的极端降水事件。Zhang 等[47]认为在厄尔尼诺年份,中国东北沿海地区热带气旋引起的极端降水发生次数往往更多。ENSO 和热带气旋引起的极端降水之间的关系取决于热带气旋轨迹对 ENSO 的响应。在厄尔尼诺年份,NWP-TC 强度更高,持续时间更长,并且有更多的向北弯曲轨迹产生[36-37],这将有利于热带气旋引起中国北部和东北部的极端降水。

由热带气旋引起的高 EPR 值更倾向于发生在 ENSO 的中性相位时期(图 7.15)。在 ENSO 的厄尔尼诺相位和拉尼娜相位时期,超过 10 年一遇极端降水量的 EPR 值区域主要集中在中国沿海地区,而 EPR 值大于 1 的区域则向内陆地区延伸(图 7.15)。

在 ENSO 的厄尔尼诺相位和拉尼娜相位时期,热带气旋引起的极端降水频率从沿海到内陆存在显著的下降趋势,而在中性相位时期,这一沿海到内陆的下降趋势较为平缓(图 7.16)。在 ENSO 的中性相位时期,由热带气旋引起的极端降水频率较高,且集中在东南沿海地区[图 7.16(b)]。热带气旋引起的极端降水日数与总极端降水日数的比率也表明,较高比率也倾向于发生在 ENSO 中性相位时期[图 7.16(e)]。与厄尔尼诺相位和拉尼娜相位时期相比,无论是热带气旋引起的极端降水频率,还是热带气旋引起的极端降水日数与总极端降水日数的比率,其较高值均倾向于发生在 ENSO 中性相位时期,空间上均向内陆延伸(图 7.16)。

7.6　ENSO 对热带气旋引起的极端降水影响的物理机制

对 ENSO 不同相位登陆中国区域热带气旋的轨迹和数量进行统计,如图 7.17 所示。在厄尔尼诺相位和拉尼娜相位时期,登陆中国的热带气旋轨迹和数量在空间分布上较为相似,这可能是造成热带气旋引起的极端降水空间分布在厄尔尼诺相位和拉尼娜相位时期具有相似性的原因。与 ENSO 其他相位相比,中性相位时期的热带气旋轨迹密度较大(图 7.17)。另外,在中性相位时期,进入内陆的热带气旋运动轨迹线较多,向东北延伸也较远。较多的到达高纬度地区的热带气旋为其造成内陆地区发生极端降水提供了有利条件。

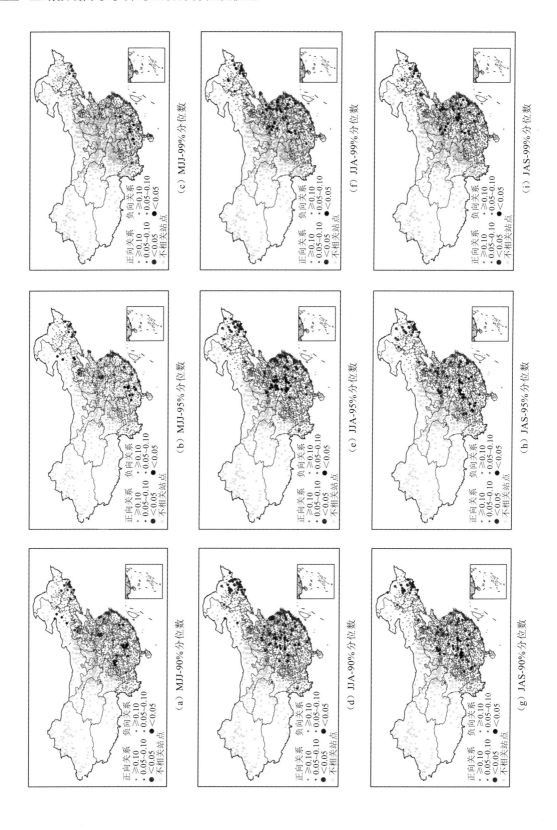

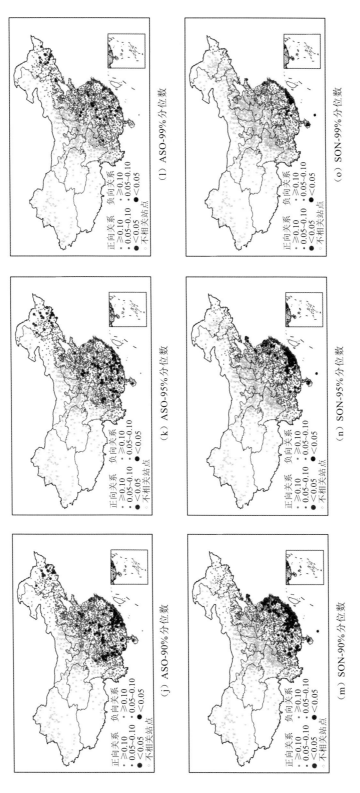

图 7.14 泊松回归模型模拟的热带气旋引起的极端降水频率与季节性 ENSO 值的关系

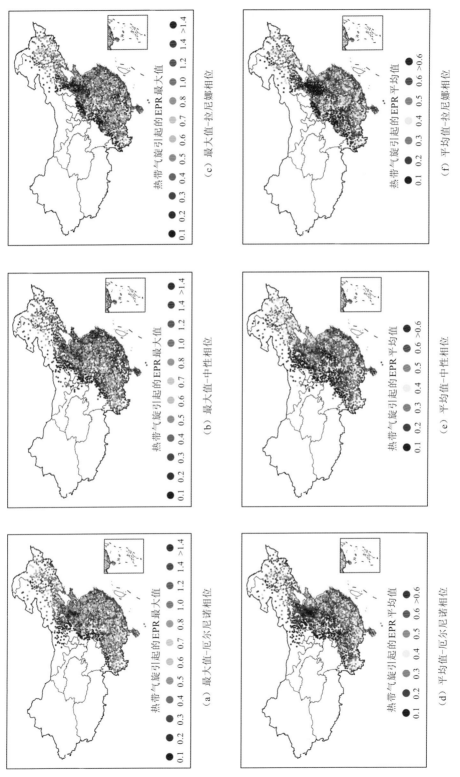

图 7.15　在 ENSO 的厄尔尼诺相位、中性相位和拉尼娜相位时期热带气旋引起的 EPR 值的最大值和平均值的空间分布

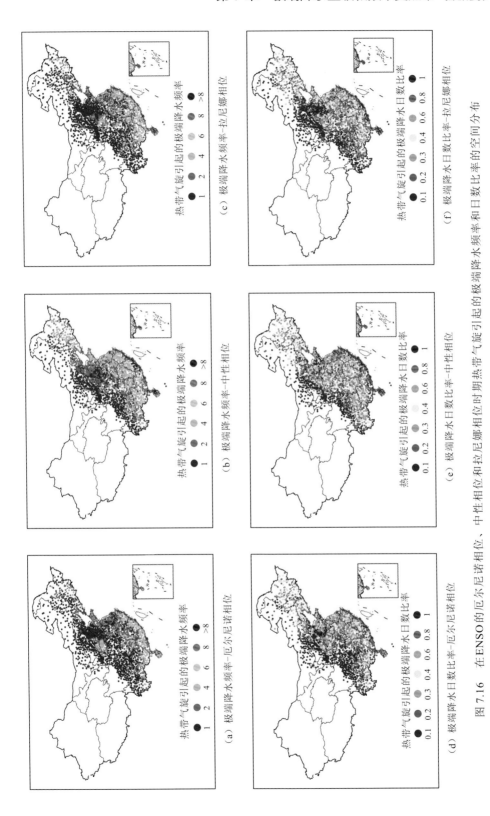

图 7.16　在 ENSO 的厄尔尼诺相位、中性相位和拉尼娜相位时期热带气旋引起的极端降水频率和日数比率的空间分布

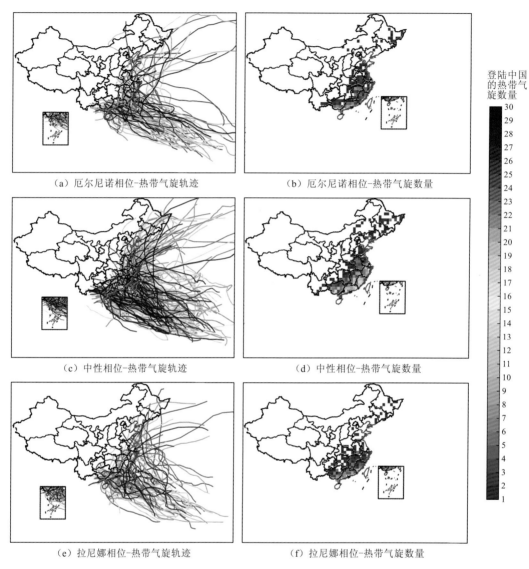

（a）厄尔尼诺相位-热带气旋轨迹　　　　（b）厄尔尼诺相位-热带气旋数量

（c）中性相位-热带气旋轨迹　　　　（d）中性相位-热带气旋数量

（e）拉尼娜相位-热带气旋轨迹　　　　（f）拉尼娜相位-热带气旋数量

登陆中国的热带气旋数量

图 7.17　ENSO 的厄尔尼诺相位、中性相位和拉尼娜相位时期登陆
中国的热带气旋轨迹和数量的空间分布

　　根据热带气旋的强度可将其划分为三类，从弱到强依次为 TD、TS 和 TY。基于以上三种类型，分别统计 ENSO 不同相位时期下西北部太平洋所有热带气旋和登陆中国的热带气旋数量（图 7.18）。为消除 ENSO 不同相位时期热带气旋数量的差异，将每年热带气旋统计数量进行标准化处理，即将每年热带气旋统计数量减去多年平均值然后除以序列的标准差。在所有的热带气旋中，TD 和 TS 在拉尼娜相位时期发生的频率往往较高，均超过了平均水平，而热带气旋强度最大的 TY 往往倾向于出现在厄尔尼诺相位时期。以往的研究也表明，与拉尼娜相位时期相比，厄尔尼诺相位时期的热带气旋强度等级更大[34, 48]。但是，在中性相位时期，TS、TY 和所有热带气旋的数量均超过平均值水平。

对于登陆型热带气旋，超出平均值水平的 TD、TS 和 TP 均出现在中性相位时期，而在厄尔尼诺相位和拉尼娜相位时期这三种类型的热带气旋数量均低于平均值水平。这可能是另一个造成热带气旋引起的极端降水更倾向于发生在 ENSO 中性相位时期的原因。

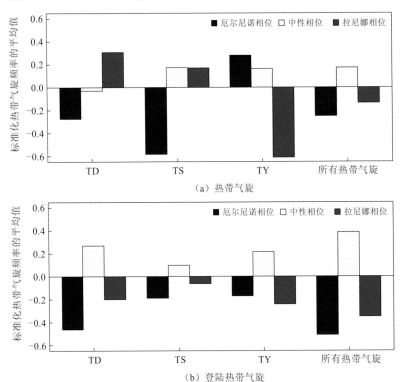

图 7.18 ENSO 不同相位时期下西北部太平洋所有热带气旋和登陆中国的热带气旋
中 TD、TS 和 TY 数量

在 ENSO 的不同相位时期，热带气旋引起的极端降水与其轨迹在这些时期的差异有密切关系。热带气旋轨迹密度通过将 6 h 热带气旋中心置于 5°×5° 网格运算获得，如图 7.19 所示。在中性相位时期，中国东南部和南海地区的热带气旋轨迹密度距平值为负值[图 7.19（b）]；从中性相位转变为厄尔尼诺相位时，该区域的热带气旋轨迹密度距平值为负值的现象更加明显和强烈[图 7.19（c）]；在中性相位时期，较低的热带气旋轨迹密度与西北太平洋较低的热带气旋生成密度有关（图 7.20）。另外，在拉尼娜相位时期，NWP-TC 轨迹密度和生成密度距平值呈现明显的负值[图 7.19（a）和图 7.20（a）]，但是在华北地区的黄海区域，热带气旋轨迹密度距平值呈现正值特征。在拉尼娜相位时期，NWP-TC 生成数量较少，且更倾向于向中国北部和东北部移动。

ENSO 还通过垂直风切变和对流层低涡度影响热带气旋引起的极端降水。如图 7.20（a）所示，在拉尼娜相位时期，黄海向东的转向流有利于华北和东北地区形成较高的热带气旋轨迹密度。与此同时，水汽源源不断地从南海输送到华北，也有利于热带气旋引起的极端降水的发生。在中性相位时期，华北和东北地区转向流较弱。对于中国东南部地区，明显较低的热带气旋轨迹密度可归因于盛行西风转向流[图 7.19（c）和 7.20（c）]。此外，在厄尔尼诺相位时期，水汽输送异常地从华北向华南移动，这一过程阻止了来源于东南方向的暖湿水汽，导致水汽通量不足以产生更多的极端降水［图 7.19（c）］。

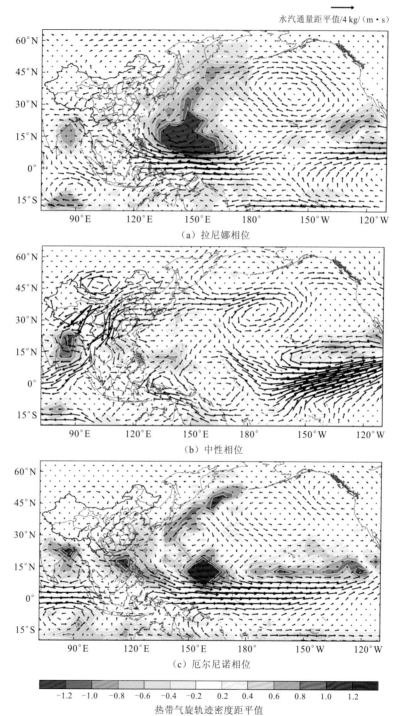

图 7.19　在 ENSO 厄尔尼诺相位、中性相位和拉尼娜相位时期水汽通量距平值和
热带气旋轨迹密度距平值空间分布

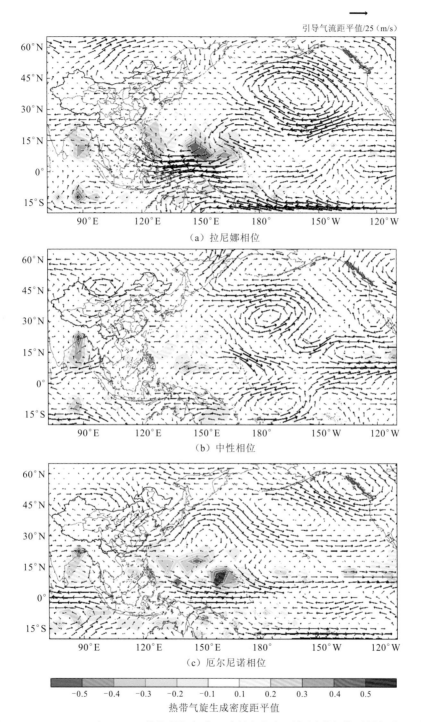

引导气流距平值/25（m/s）

（a）拉尼娜相位

（b）中性相位

（c）厄尔尼诺相位

-0.5 -0.4 -0.3 -0.2 -0.1 0.1 0.2 0.3 0.4 0.5

热带气旋生成密度距平值

图 7.20 1960～2016 年 ENSO 的拉尼娜相位、中性相位与厄尔尼诺相位引导气流距平值
和热带气旋生成密度距平值的空间分布

图中黑色箭头表示引导气流距平值，等值线表示热带气旋生成密度距平值

最后，进一步分析了不同 ENSO 相位的大尺度环境变量（如海洋表面温度、涡度、散度和纬向风）的差异，以探讨热带气旋与 ENSO 关系的物理机制，如图 7.21 所示。西北太平洋的海洋表面温度在 ENSO 不同相位时期具有不同的空间分布特征（图 7.21），这一差异现象对解释中国区域热带气旋数量的差异具有重要作用[2]。在赤道太平洋中部和东部地区，与 ENSO 中性相位和拉尼娜相位时期相比，厄尔尼诺相位时期的海洋表面温度变化更为明显，且数值相对更高。在厄尔尼诺相位时期，热带气旋的生成位置向东或东南方向移动，导致登陆中国区域的热带气旋数量减少[49]。相对于拉尼娜相位时期，赤道太平洋中部地区在中性相位时期海洋表面温度明显变高，这一区域与热带气旋生成区域较为吻合[7]。

热带气旋形成的另一个驱动因素是东南亚季风槽[50]。随着低层涡度的增加，季风槽两侧的气流增强将有利于热带气旋的形成。赤道太平洋中部和东部地区 1000 hPa 的涡度较强，且该区域在厄尔尼诺相位时期海洋表面温度高于中性相位和拉尼娜相位时期[图 7.21（a）～（f）]，为热带气旋的形成并向东发展提供了有利的环境。西北太平洋大部分区域中性相位时期涡度比拉尼娜相位时期更强[图 7.21（e）]，将有利于地面低压区的发展，有效加强热带气旋的形成[37]。相比于中性相位时期和拉尼娜相位时期，赤道太平洋中部和东部 250 hPa 散度在厄尔尼诺相位时期更加强烈[图 7.21（g）～（i）]。赤道太平洋中部和东部在厄尔尼诺相位时期具有更强的散度和涡度、更高的海洋表面温度，有利于热带气旋的生成位置向太平洋东部移动。西北太平洋大部分区域的散度在中性相位时期比厄尔尼诺相位时期更强，加剧了地面低水平气压的发展。上层散度较高的区域有利于热带气旋的发展，也与中性相位时期热带气旋的频率高于拉尼娜相位时期一致[图 7.21（e）、（h）]。对下层纬向风的分析有助于探测盛行西风的形成，而盛行西风与 NWP-TC 的形成和发展密切相关[图 7.21（j）～（l）]。相比中性相位时期和拉尼娜相位时期，西风带在厄尔尼诺相位时期盛行于赤道太平洋中部和东部地区，这将导致温暖海洋区域向东推进，从而使热带气旋形成位置向东移动[图 7.21（j）～（l）]。与拉尼娜相位时期相比，中性相位时期爆发的东风推动温暖的海洋表面温度向东移动，有利于热带气旋生成位置靠近中国沿海区域。

7.7 本章小结

通过定义 EPR 值研究了区域尺度上由热带气旋引起的极端降水特征，选择 4 个深入内陆地区的代表性热带气旋进行分析发现热带气旋对内陆地区极端降水的 EPR 值高于沿海区域。热带气旋通过直接影响远程的水汽输送远距离影响内陆极端降水。所有热带气旋引起的极端降水的 EPR 值的空间分布与深入内陆的代表性热带气旋引起的极端降水的 EPR 值存在一致性，则进一步表明热带气旋不仅对沿海地区，也对内陆地区的极端降水量级和频率产生重要影响。

内陆地区绝大多数热带气旋引起的极端降水发生在 ENSO 的中性相位时期，而在厄

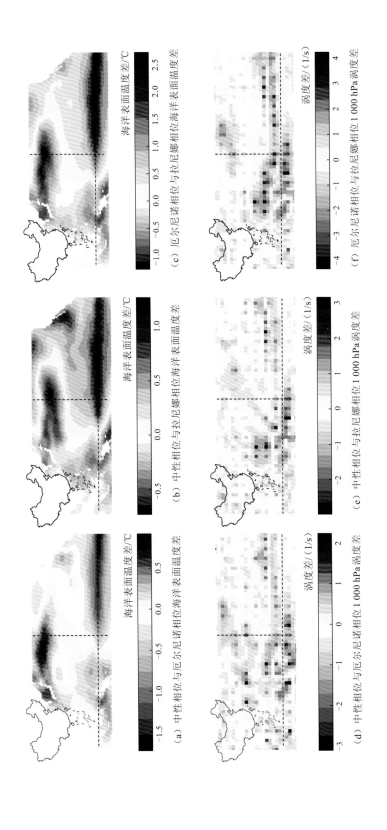

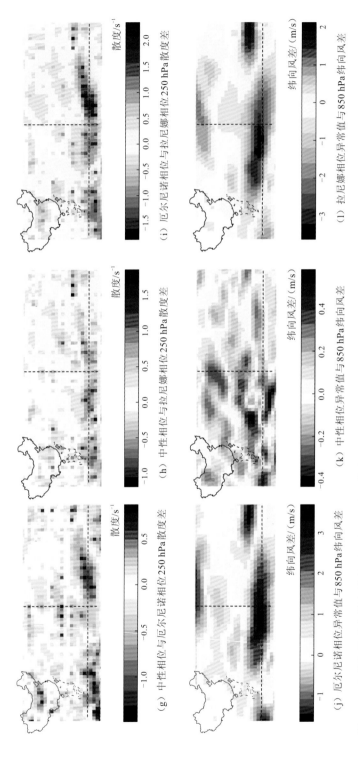

图 7.21　热带气旋季节的海洋表面温度、涡度、散度和纬向风在 ENSO 的厄尔尼诺相位、中性相位和拉尼娜相位时期两两差异异常值的空间分布

尔尼诺相位和拉尼娜相位时期热带气旋引起的较大规模的极端降水主要集中在沿海地区。热带气旋引起的极端降水频率遵循从东南到西北逐步减少的空间分布特征。内陆地区热带气旋引起的极端降水日数占总极端降水日数的比率在中性相位时期往往高于厄尔尼诺相位和拉尼娜相位时期。

不同相位时期的 ENSO 对热带气旋轨迹、强度和发展起着重要作用，并进一步影响了极端降水与热带气旋之间的关系。与厄尔尼诺相位和拉尼娜相位时期相比，在 ENSO 中性相位时期的热带气旋轨迹密度更高，向内陆移动的热带气旋数量最多，并且轨迹向东北延伸更远，到达的纬度更高。所有热带气旋和登陆热带气旋的 TS 和 TY 强度在 ENSO 中性相位时期均高于总体平均水平。海洋表面温度、涡度、散度和纬向风等大尺度环境变量，也影响着热带气旋的形成和发展。在厄尔尼诺相位时期，赤道太平洋中部和东部地区较高的海洋表面温度、更大的涡度和散度及更强的盛行西风带为热带气旋形成位置向西太平洋东部或东南移动提供了有利条件，并造成登陆中国区域的热带气旋更少。

参 考 文 献

[1] LIN Y L, ZHAO M, ZHANG M H. Tropical cyclone rainfall area controlled by relative sea surface temperature[J]. Nature communications, 2015, 6: 1-7.

[2] YAN Q, WEI T, KORTY R L, et al. Enhanced intensity of global tropical cyclones during the mid-Pliocene warm period nature communications[J]. Proceedings of the National Academy of Sciences of the United States of America, 2016, 113(46): 12963-12967.

[3] KNUTSON T R, MCBRIDE J L, CHAN J. Tropical cyclones and climate change[J]. Nature geoscience, 2010, 3(3): 157-163.

[4] BINDOFF N L, STOTT P A. Detection and attribution of climate change: From global to regional (Chapter 10)[C]//STOCKER T F, QIN D, PLATTNER G K, et al. Climate change 2013: the physical science basis, contribution of working group I to the fifth assessment report of the intergovernmental panel on climate change. Cambridge: Cambridge University Press, 2013: 869-928.

[5] CHRISTENSEN J H, KANIKICHARLAET K K. Climate phenomena and their relevance for future regional climate change(Chapter 14)[C]//STOCKER T F, QIN D, PLATTNER G K, et al. Climate change 2013: The physical science basis, contribution of working group I to the fifth assessment report of the intergovernmental panel on climate change. Cambridge: Cambridge University Press, 2013: 1217-1308.

[6] WEBSTER P J, HOLLAND G J, CURRY J A, et al. Changes in tropical cyclone number, duration, and intensity in a warming environment[J]. Science, 2005, 309(5742): 1844-1846.

[7] MENDELSOHN R, EMANUEL K, CHONABAYASHI S, et al. The impact of climate change on global tropical cyclone damage[J]. Nature climate change, 2012, 2(3): 205-209.

[8] XU W, JIANG H, KANG K. Rainfall asymmetries of tropical cyclones prior to, during, and after making landfall in south China and southeast United States[J]. Atmospheric research, 2014, 139: 18-26.

[9] JONKMAN S N, MAASKANT B, BOYD E, et al. Loss of life caused by the flooding of New Orleans after Hurricane Katrina: Analysis of the relationship between flood characteristics and mortality[J]. Risk analysis, 2009, 29(5): 676-698.

[10] II C E K, PERRY L B. Relationships between tropical cyclones and heavy rainfall in the Carolina region of the USA[J]. International journal of climatology, 2010, 30(4): 522-534.

[11] KUNKEL K E, EASTERLING D R, KRISTOVICH D A R, et al. Recent increases in U. S. heavy precipitation associated with tropical cyclones [J]. Geophysical research letters, 2010, 37(24): 1-4.

[12] GU X H, ZHANG Q, SINGH V P, et al. Spatiotemporal patterns of annual and seasonal precipitation extreme distributions across China and potential impact of tropical cyclones[J]. International journal of climatology, 2017, 37: 3949-3962.

[13] GU X H, ZHANG Q, SINGH V P, et al. Nonstationarity in timing of extreme precipitation across China and impact of tropical cyclones[J]. Global and planetary change, 2017, 149: 153-165.

[14] ZHANG Q, GU X, SHI P, et al. Impact of tropical cyclones on flood risk in southeastern China: Spatial patterns, causes and implications[J]. Global and planetary change, 2017, 150: 81-93.

[15] KNIGHT D B, DAVIS R E. Contribution of tropical cyclones to extreme rainfall events in the southeastern United States[J]. Journal of geophysical research, 2009, 114: 1-17.

[16] CHANG C P, LEI Y, SUI C H, et al. Tropical cyclone and extreme rainfall trends in East Asian summer monsoon since mid-20th century [J]. Geophysical research letters, 2012, 39(18): 1-6.

[17] LAVENDER S L, ABBS D J. Trends in Australian rainfall: contribution of tropical cyclones and closed lows[J]. Climate dynamics, 2013, 40(1/2): 317-326.

[18] VILLARINI G, DENNISTON R F. Contribution of tropical cyclones to extreme rainfall in Australia[J]. International journal of climatology, 2016, 36(2): 1019-1025.

[19] KHOUAKHI A, VILLARINI G, VECCHI G A. Contribution of tropical cyclones to rainfall at the global scale[J]. Journal of climate, 2017, 30(1): 359-372.

[20] WANG Y Q, WANG Y Q, FUDEYSU H. The role of typhoon Songda (2004) in producing distantly located heavy rainfall in Japan[J]. Monthly weather review, 2009, 137(11): 3699-3716.

[21] BOSART L F, CORDEIRA J M, GALARNEAU T J J, et al. An analysis of multiple predecessor rain events ahead of tropical cyclones Ike and Lowell: 10～15 September 2008[J]. Monthly weather review, 2012, 140(140): 1081-1107.

[22] VILLARINI G, SMITH J A, BAECK M L, et al. Characterization of rainfall distribution and flooding associated with U.S. landfalling tropical cyclones: analyses of Hurricanes Frances, Ivan, and Jeanne (2004)[J]. Journal of geophysical research, 2011, 116: 1-19.

[23] PEDUZZI P, CHATENOUX B, DAO H, et al. Global trends in tropical cyclone risk[J]. Nature climate change, 2012, 2(4): 289-294.

[24] ROWE S T, VILLARINI G. Flooding associated with predecessor rain events over the midwest United States[J]. Environmental research letters, 2013, 8(2): 1-5.

[25] SMITH J A, VILLARINI G, BAECK M L. Mixture distributions and the hydroclimatology of extreme

rainfall and flooding in the eastern United States[J]. Journal of hydrometeorology, 2011, 12(2): 294-308.

[26] LARSON J, ZHOU Y, HIGGINS R W. Characteristics of landfalling tropical cyclones in the Unites States and Mexico: climatology and interannual variability[J]. Journal of climate, 2005, 18(18): 1247-1262.

[27] REN F, WANG Y, WANG X, et al. Estimating tropical cyclone precipitation from station observations[J]. Advanced in atmospheric sciences, 2007, 24(4): 700-711.

[28] CHEN J M, LI T, SHIH C F. Tropical cyclone-and monsoon-induced rainfall variability in Taiwan[J]. Journal of climate, 2010, 23(15): 4107-4120.

[29] JIANG H, ZIPSER E J. Contribution of tropical cyclones to the global precipitation from eight seasons of TRMM data: regional, seasonal, and interannual variations[J]. Journal of climate, 2010, 23(6): 1526-1542.

[30] LEE M H, HO C H, KIM J H. Influence of tropical cyclones landfalls on spatiotemporal variations in typhoon season rainfall over south China[J]. Advanced in atmospheric sciences, 2010, 27(2): 443-454.

[31] LI R C Y, ZHOU W, LEE T C. Climatological characteristics and observed trends of tropical cyclone-induced rainfall and their influences on long-term rainfall variations in Hong Kong[J]. Monthly weather review, 2015, 143(6): 2192-2205.

[32] GALARNEAU T J J, BOSART L F, SCHUMACHER R S. Predecessor rain events ahead of tropical cyclones[J]. Monthly weather review, 2010, 138(8): 3272-3297.

[33] VILLARINI G, VECCHI G A, SMITH J A. U.S. landfalling and north Atlantic Hurricanes: Statistical modeling of their frequencies and ratios[J]. Monthly weather review, 2012, 140(1): 44-65.

[34] KLOTZBACH P J, BLAKE E S. North-central Pacific tropical cyclones: Impacts of El nino-southern oscillation and the Madden-Julian oscillation[J]. Journal of climate, 2013, 26(19): 7720-7733.

[35] ZHANG Q, WU L, LIU Q. Tropical cyclone damages in China 1983-2006[J]. Bulletin of the American Meteorological Society, 2009, 90(4): 489-495.

[36] CAMARGO S J, SOBEL A H. Western north Pacific tropical cyclone intensity and ENSO[J]. Journal of climate, 2005, 18(15): 2996-3006.

[37] CORPORAL-LODANGCO I L, LESLIE L M, LAMB P J. Impacts of ENSO on Philippine tropical cyclone activity[J]. Journal of climate, 2016, 29: 1877-1897.

[38] YONEKURA E, HALL T M. A statistical model of tropical cyclone tracks in the western north Pacific with ENSO-dependent cyclogenesis[J]. Journal of applied meteorology and climatology, 2011, 50(8): 1725-1739.

[39] COLBERT A J, SODEN B J, KIRTMAN B P. The impact of natural and anthropogenic climate change on western north Pacific tropical cyclone tracks[J]. Journal of climate, 2015, 28(5): 1806-1823.

[40] LYON B, CAMARGO S J. The seasonally-varying influence of ENSO on rainfall and tropical cyclone activity in the Philippines[J]. Climate dynamics, 2009, 32(1): 125-141.

[41] CZAJKOWSKI J, VILLARINI G, MICHEL-KERJAN E, et al. Determining tropical cyclone inland flooding loss on a large scale through a new flood peak ratio-based methodology[J]. Environmental research letters, 2013, 8(4): 1-8.

[42] REN F, WU G, DONG W, et al. Changes in tropical cyclone precipitation over China[J]. Geophysical

research letters, 2006, 33(20): 1-4.

[43] YING M, CHEN B, WU G. Climate trends in tropical cyclone-induced wind and precipitation over mainland China[J]. Geophysical research letters, 2011, 38(2): 1-5.

[44] CHEN X, WU L, ZHANG J. Increasing duration of tropical cyclones over China[J]. Geophysical research letters, 2011, 38(2): 1-5.

[45] GU X H, ZHANG Q, SINGH V P, et al. Non-stationarities in the occurrence rates of heavy precipitation across China and its relationship to climate teleconnection patterns[J]. International journal of climatology, 2017, 37: 4186-4198.

[46] YANG P, REN G, YAN P. Evidence for a strong association of short-duration intense rainfall with urbanization in the Beijing urban area[J]. Journal of climate, 2017, 30(15): 5851-5870.

[47] ZHANG Q, GU X H, LI J, et al. The impact of tropical cyclones on extreme precipitation over coastal and inland areas of China and its association to the ENSO[J]. Journal of climate, 2018, 31(5): 1865-1880.

[48] CHIA H H, ROPELEWSKI C F. The interannual variability in the genesis location of tropical cyclones in the northwest Pacific[J]. Journal of climate, 2002, 15(20): 2934-2944.

[49] CHAN J C L. Tropical cyclone activity over the western North Pacific associated with El Niño and La Niña events[J]. Journal of climate, 2000, 13(16): 2960-2972.

[50] HUANGFU J, HUANG R, CHEN W, et al. Interdecadal variation of tropical cyclone genesis and its relationship to the monsoon trough over the western North Pacific[J]. International journal of climatology, 2017, 37(9): 3587-3596.

第 **8** 章

极端降水时空变化对农业
洪旱灾害的影响

人类活动引起的全球变暖正在加速全球水循环[1]。水文循环的改变引起极端降水的时空分布特征发生改变，并进而影响洪水和干旱发生量级、频率及时间[2]。王志福和钱永甫[3]研究认为中国极端降水事件多发生于 35°N 以南，特别是长江中下游、江南地区及高原东南部。佘敦先等[4]发现淮河流域年最大日降水量有增加的趋势。闵屾和刘健[5]指出鄱阳湖流域 4~7 月极端降水总量存在比较显著的增加趋势。张强等[6]基于 Copula 函数认为新疆地区北疆比南疆湿润，北疆发生极端强降水的概率大，南疆发生极端弱降水的概率较大。

全国或者区域性极端降水的变化正在改变相应区域洪涝、干旱灾害的发生规律：2012 年 7 月 21 日北京出现特大暴雨，日均降水量 190.3 mm，导致北京出现严重内涝[7]；2010 年云南大旱及 1998 年长江流域全流域性洪水等。自然灾害往往给受灾地区带来巨大的经济和生命损失[8]。农业自然灾害是中国的主要自然灾害，其中尤以洪涝、干旱为主要灾种[9]。进入 20 世纪 80 年代，农业受灾面积平均达 2 500 万 hm^2，成灾面积达 1 400 万 hm^2[10]，如此大量的农业灾害面积必然影响中国的粮食供给，同时由于中国处于经济快速发展阶段和人口众多的国情，粮食安全更加重要。因此，研究中国农业洪涝、干旱灾害的时空变化特征、可能的原因及其对粮食产量的影响，将促进对中国灾害演变规律的认识，为防灾、救灾提供指导。

8.1 研 究 数 据

系统收集了 29 个省（直辖市、自治区）1961~2010 年农业洪涝、干旱受灾、成灾和绝收面积数据（缺 1967~1969 年三年数据）；1961~2010 年粮食、水稻、小麦、玉米和大豆等各省（直辖市、自治区）的亩产、种植面积及总产量数据均来源于中国农业农村部种植业管理司。此外，还收集了 1978~2010 年 29 个省（直辖市、自治区）有效灌溉面积数据、化肥施用量数据，数据来源于国家统计局。另外搜集了全国 488 座大一型水库（水库库容大于 1 亿 m^3）的经纬度、库容、建成时间等信息（缺台湾省数据，图 8.1）。图 8.1 中 29 个省（直辖市、自治区）依次为：A，北京；B，天津；C，河北；D，山西；E，内蒙古；F，辽宁；G，吉林；H，黑龙江；I，上海；J，江苏；K，浙江；L，安徽；M，福建；N，江西；O，山东；P，河南；Q，湖北；R，湖南；S，广东；T，广西；U，四川；V，贵州；W，云南；X，西藏；Y，陕西；Z，甘肃；AA，青海；AB，宁夏；AC，新疆。

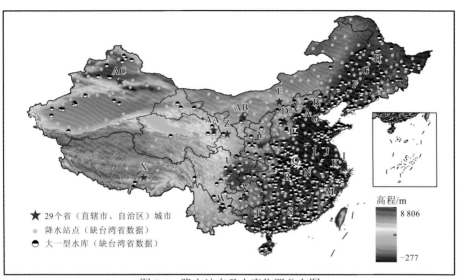

图 8.1　降水站点及水库位置分布图

8.2　研　究　方　法

收集的农业洪涝、干旱灾害数据是针对所有农作物的，粮食包含在农作物之中。因此，通过比重法来确定粮食灾损量[11]：

$$F_d = \sum_{i=1}^{c} F_{di} = \sum_{i=1}^{c} (R_i \times A_{i1} \times Y_i \times P_1 + R_i \times A_{i2} \times Y_i \times P_2 + R_i \times A_{i3} \times Y_i \times P_3) \qquad (8.1)$$

式中：c 为省份数量；F_{di} 为第 i 个省份的粮食灾损量，万 t；R_i 为第 i 个省份中粮食种植面积占农作物种植面积的比例，%；A_{i1}、A_{i2} 和 A_{i3} 分别为受灾、成灾和绝收的面积，$1\,000\ \text{hm}^2$；Y_i 为该省份的粮食单产水平；P_1、P_2 和 P_3 分别为受灾、成灾和绝收粮食产量下降程度，%，根据受灾、成灾和绝收的定义，通过中值法确定其值分别为 20%、45% 和 80%。

8.3　农业洪涝、干旱灾害趋势

农业灾害发生的时间和空间分布决定着中国农业损失的时空变化。因此，将 29 个省（自治区、直辖市）的农业洪涝、干旱受灾和成灾面积时间趋势变化绘制成图 8.2。从研究数据来看，洪涝、干旱受灾和成灾面积均呈上升趋势，干旱灾害成灾面积呈显著增加趋势，而洪涝灾害在受灾和成灾面积上均呈显著增加趋势。东部大部分地区农业洪涝、干旱灾害没有显著性变化，如北京、山东、江苏、上海、浙江、福建和安徽等。东北地区（辽宁、吉林和黑龙江）相比洪涝灾害，干旱灾害成灾面积呈显著上升趋势，意味着干旱对东北地区农业生产正在产生越来越大的负面影响。西北、西南及中部地区洪涝灾害在受灾和成灾面积上均呈显著增加趋势，如内蒙古、河南、湖北、湖南、广西、云南、贵州、四川、青海、西藏、新疆、甘肃、陕西和宁夏等，其中一些省（自治区）同时面临着显著上升的干旱灾害的影响，如内蒙古、宁夏、甘肃、新疆、云南等。因此，研究数据中大部分省（自治区）的农业正在遭受越来越严重的洪涝灾害，尽管如此干旱灾害也不容忽视（在中国西北、华北，干旱灾害是主要的灾种）。大面积的洪涝灾害同样也包含西北的陕西、甘肃、宁夏、青海和新疆5个省（自治区），这些地区降水量较少，是干旱灾害的主要发生地区，近些年来在干旱灾害并没有减轻的情况下，又出现了日益严重的洪涝灾害，将对这些地区的农作物产量造成严峻的负面影响。

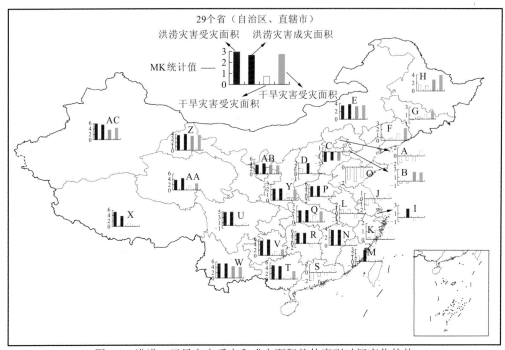

图 8.2　洪涝、干旱灾害受灾和成灾面积整体序列时间变化趋势

为了更直观地反映农业洪涝、干旱灾害对农作物的影响，定义了两个指标：气候灾害发生强度和影响强度（图 8.3）。气候灾害发生强度＝受灾面积/农作物种植面积；气候灾害影响强度＝成灾面积/受灾面积。在消除农作物种植面积的影响下，洪涝灾害发生强度在西北、西南和中部地区呈显著上升趋势；洪涝灾害影响强度在华东、华南地区呈显著上升趋势。因此，中国大部分地区的农业洪涝灾害在发生范围和影响程度上均在恶化，必将对中国粮食安全造成重大影响。相比洪涝灾害，干旱灾害发生强度在西北地区显著增加，如新疆、甘肃、宁夏和陕西等，但是较有利的是干旱灾害影响强度并没有显著变化；在其他大部分地区干旱灾害发生强度和影响强度并没有显著变化。所以近50年来，洪涝灾害对农业的威胁在范围和程度上均在日益增加，甚至在传统的干旱灾易发地区也面临着严峻的洪涝灾害威胁，需要研究部门和政策制定者更加重视，相比之下干旱灾害的影响变化较小，除在传统的干旱灾旱易发地区，如西北地区在发生强度上继续加强外，全国大部分地区无显著变化。

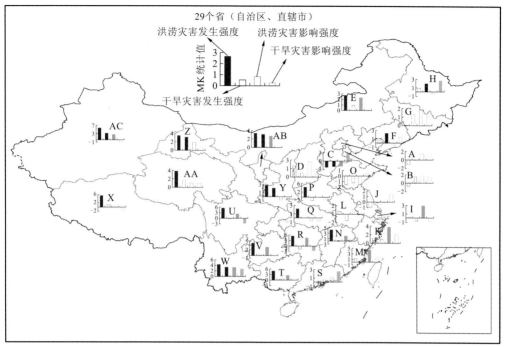

图 8.3　洪涝、干旱灾害发生及影响强度时间趋势

8.4　农业洪涝、干旱灾害变异分析

综合运用七种变异点检测方法，对 29 个省（自治区、直辖市）的洪涝、干旱灾害受灾和成灾面积时间序列进行变异点检测（图 8.4）。洪涝灾害受灾和成灾面积突变时间较吻合一致。从研究数据来看，均在 1982 年发生变异；东北、华北和中部地区均集中在 20 世纪 80 年代发生突变（如辽宁、吉林、黑龙江、内蒙古、河南、湖北、陕西和宁夏等），而南部及西南地区均集中在 20 世纪 90 年代发生突变（如浙江、江西、贵州、云南、广西、广东、西藏等）。干旱灾害受灾和成灾面积与洪涝灾害受灾和成灾面积突变时间差异较大，而且干旱灾害受灾和成灾面积突变时间也不一致。从研究数据来看，干旱灾害受灾面积在 1970 年发生突变，而成灾面积则在 1977 年发生突变。干旱灾害受灾面积突变时间较分散，其中华东地区集中在 2000 年左右，如山东、江苏、浙江、江西、福建等，其他地区较集中在 1984 年左右，如陕西、湖北、贵州、云南等。干旱灾害成灾面积在 1977 年发生突变，华南地区及华北地区与此一致；中部和东部地区突变时间位于 1984 年左右，如河南、湖北、江苏、浙江和福建等。洪涝、干旱灾害受灾和成灾面积具有不同的突变时间，意味着使它们发生变异的驱动机制具有差异性；洪涝、干旱灾害受灾和成灾面积突变时间在空间上的差异性,意味着不同区域灾害驱动因素也具有显著差异性。

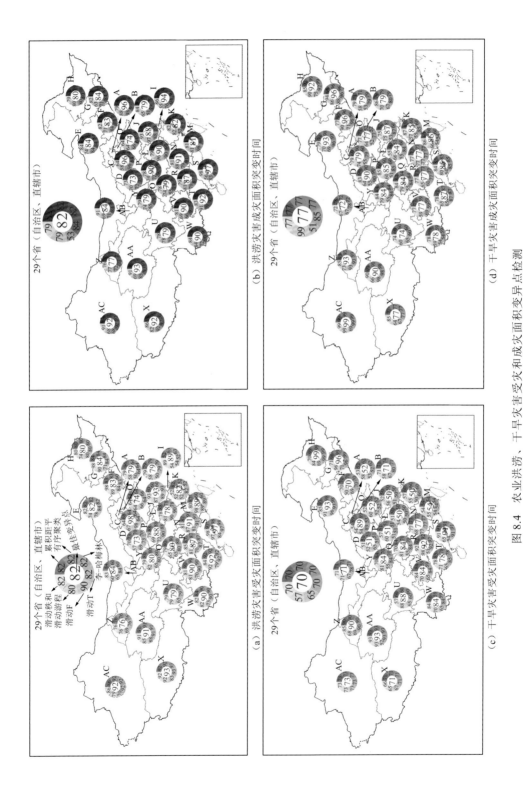

图 8.4 农业洪涝、干旱灾害受灾和成灾面积变异检测

数字 61~99 依次表示突变时间为 1961~1999 年；数字 51~59 依次表示突变时间为 2000~2009 年；数字 60 表示检测无突变时间

　　图 8.5 给出了变异前后洪涝、干旱灾害受灾和成灾面积的时间趋势分布。从图 8.5 中可以看出，变异前全国大部分地区干旱灾害无论是在受灾面积还是在成灾面积上均没有显著变化；而中部及西南地区洪涝灾害受灾和成灾面积均呈显著上升趋势，如河南、

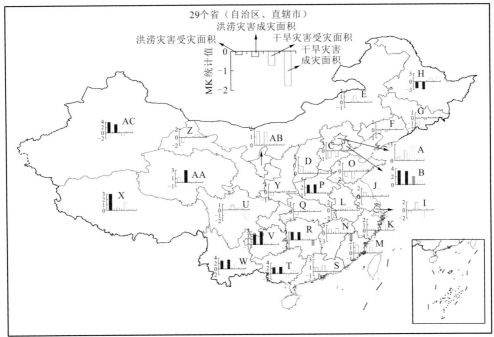

（a）变异前洪涝、干旱灾害趋势

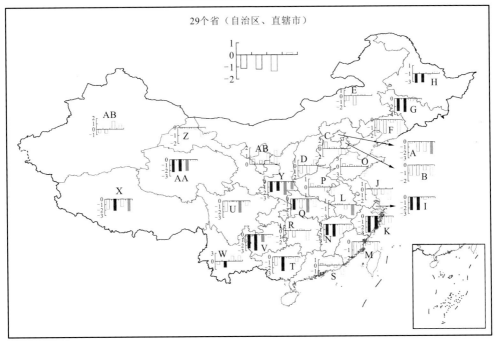

（b）变异后洪涝、干旱灾害趋势

图 8.5　洪涝、干旱灾害受灾和成灾面积变异前后序列时间趋势

湖南、广西、贵州和云南等[图 8.5（a）]。变异后全国大部分地区干旱灾害受灾和成灾面积依然没有显著变化；与之相反，洪涝灾害受灾和成灾面积在东北、中东部、中西部、西南地区均呈显著下降趋势，如黑龙江、吉林、陕西、青海、湖北、江西、浙江、广西和云南等[图 8.5（b）]。变异前后干旱灾害受灾和成灾面积趋势并无显著变化，而洪涝灾害受灾和成灾面积在时间和空间上具有显著差异性，多数地区由变异前的上升或者显著上升趋势转变为下降或者显著下降趋势，其中以中部、西南和东部地区变化最为显著。

比较图 8.2 和图 8.5 可知，就整体序列而言，全国大部分地区洪涝、干旱灾害受灾和成灾面积呈上升或者显著上升趋势，变异后却呈相反的变化趋势，因此洪涝、干旱灾害序列必然发生了跳跃性变异，图 8.6 给出了变异后洪涝、干旱灾害序列均值相对于变化前均值的变化率，从而研究这种跳跃的大小。除华北地区（北京、天津、河北、山东等）洪涝灾害变异后呈跳跃减小外，全国其他地区洪涝、干旱灾害均在跳跃增加。洪涝灾害从东南向西北，变异后相对于变化前灾害变化率依次增加。中国西部地区如新疆、西藏、甘肃、青海、四川等变异后的洪涝灾害相对于变异前跳跃增加最为显著，变异后洪涝灾害变化率最小也能达到变异前的 4 倍（青海、甘肃），最大能达到变异前的 24 倍（西藏）；东北、北部、中部、西南部变异后洪涝灾害变化率也能达到变异前的 2 倍左右。变异后干旱灾害变化率相对于洪涝灾害小，干旱灾害变化率较大的地方集中在西北、东北及西南地区，其中内蒙古、新疆、青海、云南等变化率较大。

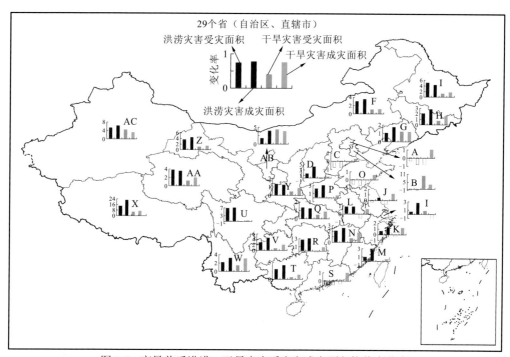

图 8.6　变异前后洪涝、干旱灾害受灾和成灾面积均值变化率

8.5　农业洪涝、干旱灾害对粮食产量的影响

农业洪涝、干旱灾害受灾和成灾面积对粮食产量产生重要影响。因此，必须评估洪涝、干旱灾害对粮食的灾损率和灾损量（图8.7）。从图8.7中可以看出，除北京、天津、河北、山东等外，中国大部分地区洪涝、干旱灾害灾损率和灾损量均呈显著上升趋势。洪涝灾害灾损率和灾损量上升趋势最显著的省份集中在中国西部，而干旱灾害灾损率和灾损量上升趋势最显著的省份集中在中国北部。变异前洪涝灾害灾损率多集中在 4%以内，变异后洪涝灾害灾损率均在增加，多集中在 4%～10%，其中以东北地区增加幅度最大。相比洪涝灾害灾损率，干旱灾害灾损率要明显大得多，变异前干旱灾害灾损率以华北地区最大，其中内蒙古、山西等达到了 10%～14%；变异后华东、华南地区干旱灾害灾损率没有较大变化，但是具有较大的干旱灾害灾损率的区域由华北地区扩展到东北和西北地区，如辽宁、吉林、黑龙江、陕西、甘肃、青海和宁夏等，并且程度也在增加，干旱灾害灾损率位于 14%～18%。从洪涝灾害灾损量上看，变异后华东、华南和东北地区灾损量在增加，由变异前的 0～50 万 t 上升到变异后的 50 万～150 万 t。相比洪涝灾害灾损量，干旱灾害灾损量变异后在东北、山西、湖北、贵州等地区相比变异前具有明显增加，多位于 200 万～450 万 t。无论是洪涝灾害还是干旱灾害，其灾损量都是不容忽视的，河南洪涝灾害造成的每年粮食损失相当于北京年均粮食总产量（145 万 t），山西干旱灾害灾损量相当于三个北京的年均粮食总产量。

8.6　农业灾害变化成因讨论

农业成灾过程有上、中、下游三个过程：上游——大气系统作用；中游——陆面系统作用；下游——环境胁迫与农业生产系统的作用[12]。从上述三个过程中包含的降水和人类活动两个方面来阐述中国农业灾害变化的成因。

华北地区（北京、天津、河北、山西和内蒙古）除春季外，冬季、夏季和秋季降水均在减小[图8.8（a）～（d）]并且四季最长有雨天数均在减小，最长无雨天数均在增加（图8.8）。降水减小导致华北地区干旱成灾面积呈显著上升趋势（内蒙古、山西、北京、天津，图8.2）；而干旱受灾面积并没有明显变化（图8.2），干旱灾害发生强度及影响强度同样没有显著趋势（图8.3），相反河北干旱受灾面积却呈显著下降趋势（图8.2）。人类活动对缓解华北地区干旱灾害造成的损失起到了至关重要的作用：旱作物种植面积比例显著增加，增强了农作物整体的抗旱能力[图8.9（i）]；有效灌溉面积呈显著增加趋势[图8.9（a）]，并且在数量上处于领先水平，如河北为 454.8 万 hm²，占农作物总种植面积的 52.2%[图8.9（b）、（c）]；水库总库容位于中等水平，如河北为 161 亿 m³[图8.9（d）]。

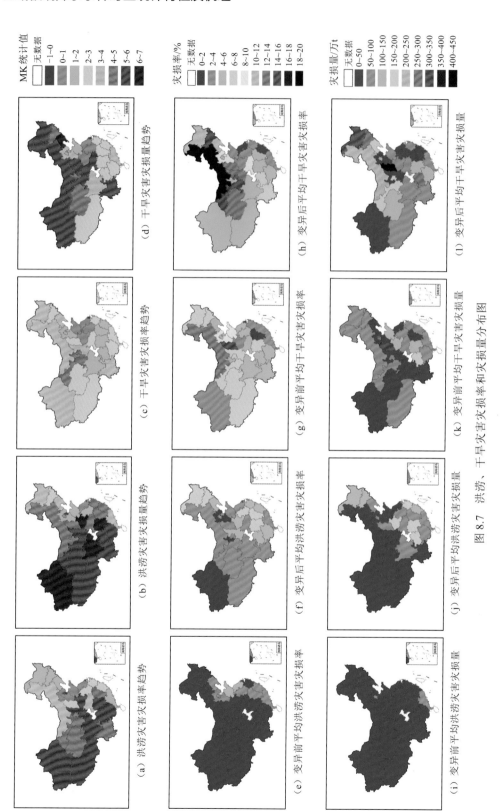

图 8.7 洪涝、干旱灾害灾损率和灾损量分布图

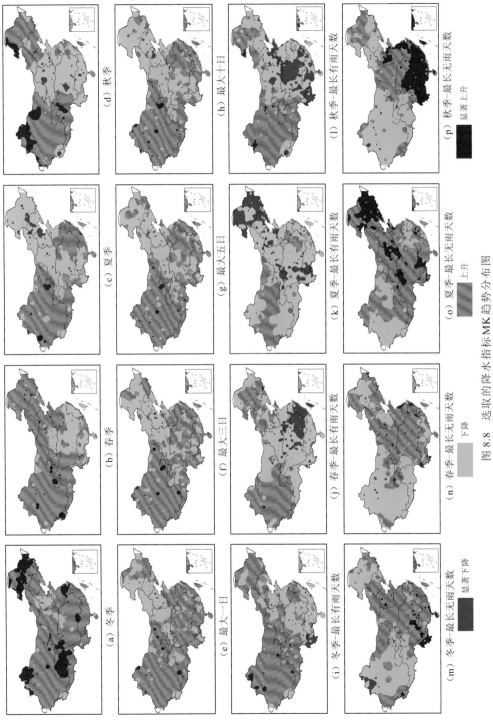

图 8.8　选取的降水指标 MK 趋势分布图

降水指标：季节性降水量，年最大一、三、五和十日降水，季节性最长有雨天数，季节性最长无雨天数

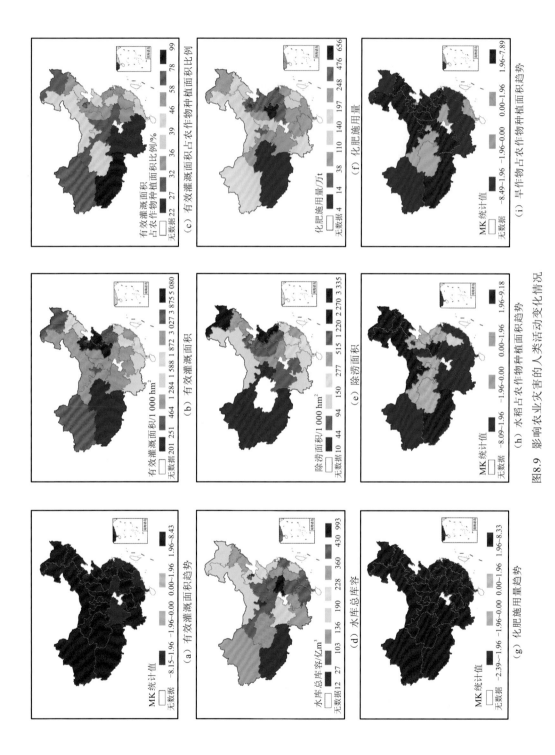

图8.9 影响农业灾害的人类活动变化情况

　　从区域上看，东北三省（黑龙江、吉林和辽宁）水稻种植面积均呈显著上升趋势[图 8.9（h）]，夏季是水稻生长期并且在这一时期水稻需水量达到峰值[12]。而东北地区夏季降水呈下降或者显著下降趋势，夏季最长有雨天数呈显著下降趋势，最长无雨天数呈显著上升趋势[图 8.8（c）、（h）、（o）]，降水的空间变化导致了东北三省农业干旱灾害呈上升或者显著上升趋势。尽管东北三省有效灌溉面积呈显著增加趋势[图 8.9（a）]，但是从有效灌溉面积占农作物种植比例来看，还处于较低水平，分别为 31%、33%和 37%[图 8.9（c）]；水库总库容同样处于中下水平，分别为 157 亿 m³、320 亿 m³ 和 359 亿 m³[图 8.9（d）]。水稻种植面积的显著增加、水稻生长期（夏季）降水的减小及有效灌溉面积、水库总库容的不足导致几十年来东北三省农业干旱灾害呈上升或者显著上升趋势（图 8.2）。

　　西北地区（陕西、甘肃、宁夏、青海、新疆）由于近几十年来有由暖干向暖湿的转变趋势[13]，在降水上表现为全年四季降水量增加，极端降水（最大一、三、五和十日降水）也在增加，四季最长有雨天数增加，最长无雨天数减少（图 8.8）。降水的增加导致近几十年来整个西北地区洪涝灾害呈显著增加趋势（图 8.2）。由于西北地区传统的主要农业灾害为干旱，并没有建立完备的防范洪涝灾害的人工措施，如除涝面积处于全国最低水平，青海、宁夏、甘肃和新疆分别为 0、1.1 万 hm²、1.3 万 hm² 和 4.4 万 hm²[图 8.9（e）]，更加剧了气候变化下的洪涝灾害的损失程度。尽管气候变化导致洪涝灾害显著增加，但是西北地区传统的干旱灾害增加趋势也同样显著（图 8.2）。黄河流域夏季和秋季降水的减少[图 8.8（c）、（d）]，春季、夏季和秋季最长有雨天数的减少，最长无雨天数的增加（图 8.8）导致陕西、甘肃和宁夏干旱灾害呈显著增加趋势。近几十年来，陕西、甘肃、青海和宁夏等省份（自治区）的水稻种植面积呈增加趋势，旱作物种植面积呈降低趋势[图 8.9（h）、（i）]，农作物种植结构的变化不利于抗旱的需求；并且有效灌溉面积从数量上和占农作物种植面积比例上均处于较低水平，陕西、甘肃、青海和宁夏有效灌溉面积分别为 128.5 万 hm²、127.8 万 hm²、25.2 万 hm² 和 46.2 万 hm²，分别占农作物种植面积的 30%、31%、46%和 37%[图 8.9（b）、（c）]；在水库总库容上，陕西、甘肃、青海和宁夏分别仅有 71 亿 m³、103 亿 m³、342 亿 m³ 和 27 亿 m³[图 8.9（d）]。

　　西南地区极端降水的增加[图 8.8（e）～（h）]导致其洪涝灾害受灾面积均呈显著上升趋势（云南、贵州、四川、西藏）（图 8.2）。另外，西南地区除涝面积还处于较低水平，云南、贵州、四川、西藏等分别仅有 25.4 万 hm²、5.4 万 hm²、9.4 万 hm² 和 2.2 万 hm²[图 8.9（e）]。不可忽视的是，夏季和秋季降水减少、四季最长有雨天数减少、最长无雨天数增加，尤其是云南地区秋季和冬季最长有雨天数显著降低和最长无雨天数显著增加（图 8.8），导致西南地区云南、贵州和四川等省份的干旱灾害呈显著增加趋势（图 8.2）。西南地区除西藏外，其他省份的有效灌溉面积占农作物种植面积比例处于最低水平，云南、贵州和四川分别只有 24%、23%和 27%[图 8.9（c）]；云南、四川等省份的水库总库容也不能满足其抗旱需求，分别仅为 132 亿 m³、215 亿 m³[图 8.9（d）]。

　　华中地区（河南、湖北和湖南）及江西极端降水的增加（图 8.8），导致了洪涝灾害呈显著增加趋势（图 8.2）。然而春季和秋季降水在减少，四季连续无雨天数在增加

（图 8.8），湖北、湖南及江西春季和秋季连续降水天数在显著减少（图 8.8），相比洪涝灾害，降水的变化并没有使干旱灾害呈显著增加趋势。尽管降水在减少，但是湖北、湖南和江西等位于长江流域，长江流域水量比较充沛，年径流量呈增加趋势[14]，便于储水和引水灌溉。华中地区和江西的有效灌溉面积和水库总库容均较大，河南、湖北、湖南和江西等的有效灌溉面积分别为 508.1 万 hm²、238.0 万 hm²、273.9 万 hm² 和 185.2 万 hm²，水库总库容分别为 402 亿 m³、992 亿 m³、402 亿 m³ 和 294 亿 m³。

从农业生产系统本身来看，以化肥为例，20 世纪 70 年代以来化肥对农业生产系统所起的作用受到越来越广泛的关注。化肥对农业生产具有双重性，一方面化肥的大量使用提升了粮食产量，另一方面化肥又是面污染源，长期使用化肥易造成土壤酸化、土壤板结等问题，从而降低农业生产系统本身对自然灾害的应对能力。自 20 世纪 70 年代以来，中国各省份化肥施用量均呈显著增加趋势［图 8.9（g）］。从施用量上看，河南最多，为 655 万 t，其次是河北、山东、湖北等，为 248 万～476 万 t。化肥的大量使用也是造成农业成灾率居高不下的原因之一[15]，如河南、河北、山东、湖北等省份农业洪涝、干旱灾害成灾率均在 50%以上[16]。

8.7　本章小结

本章调查了 29 个省（自治区、直辖市）最近 50 年农业洪涝、干旱灾害时空分布特征和变化成因及其对粮食产量的影响，得出以下有意义的结论。

（1）中国大部分省份洪涝灾害呈显著上升趋势，集中在中部、中西部及西北部。相比洪涝灾害，干旱灾害呈显著上升趋势的范围较小，集中在西北地区、东北地区及云南。相比中部、西部及西北部地区，华东地区及广东洪涝、干旱灾害较少，有显著变化。

（2）干旱灾害发生强度在西北地区显著增加，如新疆、甘肃、宁夏和陕西等，但是干旱灾害影响强度并没有显著变化；洪涝灾害发生强度在西北、西南和中部地区呈显著上升趋势；洪涝灾害影响强度在华东、华南地区呈显著上升趋势。除华北及东北地区外，洪涝灾害对农业的威胁在范围和程度上均在日益增加，甚至在传统的干旱灾害易发地区也面临着严峻的洪涝灾害威胁，如西北地区。

（3）中国大部分地区洪涝灾害受灾和成灾面积突变时间较吻合，东北、华北和中部地区均集中在 20 世纪 80 年代发生突变，而南部及西南地区均集中在 20 世纪 90 年代发生突变。干旱灾害受灾面积突变时间较分散，其中华东地区集中在 21 世纪初，其他地区较集中在 1984 年左右。华南地区及华北地区干旱灾害成灾面积在 1977 年发生突变，中部和东部地区突变时间位于 1984 年左右。变异前后干旱灾害均无显著变化；而变异前洪涝灾害在中部及西南地区呈显著上升趋势，变异后洪涝灾害在东北、中东部、中西部、西南地区均呈显著下降趋势。

（4）中国大部分地区洪涝、干旱灾害灾损率和灾损量均呈显著上升趋势。洪涝、干旱灾害灾损率和灾损量上升趋势最显著的省份分别集中在中国西部和北部。相对于变异前，变异后洪涝、干旱灾害灾损率和灾损量均有明显增加。无论是灾损率还是灾损量，干旱灾害均明显高于洪涝灾害。

（5）季节性降水及极端降水的增加导致中国西北、西南及华中地区洪涝灾害显著升高；季节性降水的减少导致中国东北、华北地区干旱灾害呈多发趋势。人类活动对于区域洪涝、干旱灾害也有重要影响：西北地区除涝面积不足影响农业抵抗洪涝灾害的能力；西北、西南地区有效灌溉面积数量较少及水库储水量的短缺造成农业抗旱能力较低。另外，近几十年化肥的大量使用，也造成农业生产系统本身抵御灾害的能力在降低。

参 考 文 献

[1] ALAN D Z, JUSTIN S, EDWIN P M, et al. Detection of intensification in global-and continental-scale hydrological cycles: Temporal scale of evaluation[J]. Journal of climate, 2003, 16(3): 535-547.

[2] DORE H I M. Climate change and changes in global precipitation patterns: What do we know[J]. Environment international, 2005, (31): 1167-1181.

[3] 王志福, 钱永甫. 中国极端降水事件的频数和强度特征[J]. 水科学进展, 2009, 20(1): 1-9.

[4] 佘敦先, 夏军, 张永勇, 等. 近 50 年来淮河流域极端降水的时空变化及统计特征[J]. 地理学报, 2011, 66(9): 1200-1210.

[5] 闵屾, 刘健. 鄱阳湖区域极端降水异常的特征及成因[J]. 湖泊科学, 2011, 23(3): 435-444.

[6] 张强, 李剑锋, 陈晓宏, 等. 基于 Copula 函数的新疆极端降水概率时空变化特征[J]. 地理学报, 2011, 66(1): 3-12.

[7] 谌芸, 孙军, 徐珺, 等. 北京 721 特大暴雨极端性分析及思考[J]. 气象, 2012, 38(10): 1255-1266.

[8] WANG L Z, LONG H L, LIU H Q, et al. Analysis of the relationship between drought-flood disasters and land-use changes in west Jilin, China[J]. Disaster advances, 2012, 5(4): 901-907.

[9] 马宗晋. 中国重大自然灾害及减灾对策(总论)[M]. 北京: 科学出版社, 1994.

[10] 史培军, 王静爱, 谢云, 等. 最近 15 年来中国气候变化、农业自然灾害与粮食生产的初步研究[J]. 自然资源学报, 1997, 12(3): 197-203.

[11] 覃志豪, 徐斌, 李茂松, 等. 我国主要农业气象灾害机理与监测研究进展[J]. 自然灾害学报, 2005, 14(2): 61-69.

[12] 刘晓菲, 张朝, 帅嘉冰, 等. 黑龙江省冷害对水稻产量的影响[J]. 地理学报, 2012, 67(9): 1223-1232.

[13] 施雅风, 沈永平, 李栋梁, 等. 中国西北气候由暖干向暖湿转型的特征和趋势探讨[J]. 第四纪研究, 2003, 23(2), 152-164.

[14] 张强, 孙鹏, 陈喜, 等. 1956～2000 年中国地表水资源状况：变化特征、成因及影响[J]. 地理科学, 2011, 31(12): 1430-1436.

[15] 陈然. 农业灾害影响因素分析[J]. 经济研究导刊, 2009, 49(11): 61-62.

[16] ZHANG Q, SUN P, SINGH V P, et al. Spatial-temporal precipitation changes(1956～2000)and their implications for agriculture in China[J]. Global and planetary change, 2012, 82-83: 86-95.